Andreas Schnirch · Nadine Ridinger
Felix Weschenfelder

Raspberry Pi im Informatik- und Technikunterricht

Konzeption eines handlungs- und problemorientierten Unterrichts mit der MicroBerry-Lernumgebung

Andreas Schnirch
Institut für Mathematik und Informatik
Pädagogische Hochschule Heidelberg
Heidelberg, Deutschland

Nadine Ridinger
Max-Planck-Realschule
Bretten, Deutschland

Felix Weschenfelder
Bertha-Benz-Realschule
Wiesloch, Deutschland

ISBN 978-3-658-28792-4   ISBN 978-3-658-28793-1 (eBook)
https://doi.org/10.1007/978-3-658-28793-1

Die Deutsche Nationalbibliothek verzeichnet diese Publikation in der Deutschen Nationalbibliografie; detaillierte bibliografische Daten sind im Internet über http://dnb.d-nb.de abrufbar.

Springer Vieweg
© Springer Fachmedien Wiesbaden GmbH, ein Teil von Springer Nature 2020
Das Werk einschließlich aller seiner Teile ist urheberrechtlich geschützt. Jede Verwertung, die nicht ausdrücklich vom Urheberrechtsgesetz zugelassen ist, bedarf der vorherigen Zustimmung des Verlags. Das gilt insbesondere für Vervielfältigungen, Bearbeitungen, Übersetzungen, Mikroverfilmungen und die Einspeicherung und Verarbeitung in elektronischen Systemen.
Die Wiedergabe von allgemein beschreibenden Bezeichnungen, Marken, Unternehmensnamen etc. in diesem Werk bedeutet nicht, dass diese frei durch jedermann benutzt werden dürfen. Die Berechtigung zur Benutzung unterliegt, auch ohne gesonderten Hinweis hierzu, den Regeln des Markenrechts. Die Rechte des jeweiligen Zeicheninhabers sind zu beachten.
Der Verlag, die Autoren und die Herausgeber gehen davon aus, dass die Angaben und Informationen in diesem Werk zum Zeitpunkt der Veröffentlichung vollständig und korrekt sind. Weder der Verlag, noch die Autoren oder die Herausgeber übernehmen, ausdrücklich oder implizit, Gewähr für den Inhalt des Werkes, etwaige Fehler oder Äußerungen. Der Verlag bleibt im Hinblick auf geografische Zuordnungen und Gebietsbezeichnungen in veröffentlichten Karten und Institutionsadressen neutral.

Springer Vieweg ist ein Imprint der eingetragenen Gesellschaft Springer Fachmedien Wiesbaden GmbH und ist ein Teil von Springer Nature.
Die Anschrift der Gesellschaft ist: Abraham-Lincoln-Str. 46, 65189 Wiesbaden, Germany

Geleitwort

Wir leben in einer zunehmend von Digitalisierung geprägten Welt. Informatiksysteme sind integraler Bestandteil vieler Prozesse in Alltag und Beruf. Algorithmen wirken überall – manchmal sichtbar, oftmals unsichtbar. Heute und zukünftig müssen Menschen über grundlegende digitale Bildung verfügen, um informiert und souverän Entscheidungen für sich und für andere treffen und um die Welt um sich herum mitgestalten zu können. Informatische Bildung ist damit wesentlicher Bestandteil von Allgemeinbildung im 21. Jahrhundert und muss in der Schule vermittelt werden.

Das vorliegende Buch gibt zahlreiche Anregungen und Impulse, wie informatische Kompetenzen von Kindern und Jugendlichen erworben und weiterentwickelt werden können. Die Programmierung von Mikrocontrollern und die Verknüpfung mit technischen Elementen der Robotik ermöglichen dabei einen tiefen Blick in die Wirkmechanismen von Informatiksystemen. An der Schnittstelle zwischen Hardware und Software kann ein vertieftes Verständnis technischer und informatischer Vorgänge und Prinzipien erworben und zugleich im Rahmen eigener Projektideen nutzbar gemacht werden. Die Motivation, ein konkretes Problem mit informatischen Mitteln zu lösen, regt Schülerinnen und Schüler an, sich intensiv mit Grundbausteinen von Algorithmen zu befassen und diese zur Erreichung ihrer Ziele in altersgerechten Programmiersprachen zusammenzufügen. Durch die an passenden Stellen eingefügten didaktischen Kommentare gelingt es den Autoren, viele wertvolle Tipps und Hilfen für die konkrete Unterrichtsgestaltung anzubieten.

Die Beispiele in diesem Buch sind nicht theoretischer Art, sondern wurden von Andreas Schnirch, Nadine Ridinger und Felix Weschenfelder in vielen Durchgängen ausprobiert, evaluiert und optimiert. Sie laden dazu ein, an weitere Lernsettings angepasst und dort weiterentwickelt zu werden. Gemeinsam mit den Autoren wünsche ich allen Leserinnen und Lesern dabei viel Spaß und Experimentierfreude!

Mai 2019   Christian Spannagel

Vorwort/Danksagung

Wir hoffen, dass dieses Buch dazu beiträgt, die inhaltlichen und methodischen Ideen, die in der MicroBerry-Lernumgebung stecken, in den Informatik- und Technikunterricht zu tragen und wünschen Ihnen bei der Umsetzung im eigenen Unterricht viel Spaß und Erfolg. Gerne können Sie uns Ihre Erfahrungen, Anregungen und vielleicht auch weitere kreative und innovative Ideen per E-Mail (schnirch@ph-heidelberg.de) zukommen lassen. Bei Fragen stehen wir Ihnen, im Rahmen unserer zeitlichen Möglichkeiten, ebenfalls gerne zur Verfügung.

Wir bedanken uns herzlich bei Prof. Dr. Spannagel von der Pädagogischen Hochschule Heidelberg, der uns freundlicherweise das Geleitwort für dieses Buch verfasst hat. Unser Dank gilt auch Thomas Menne, Informatiklehrer am Pictorius Berufskolleg in Coesfeld, der uns die in diesem Buch verwendeten Pixelgrafiken zur Verfügung stellte. Außerdem bedanken wir uns bei der Firma MPDV Mikrolab GmbH in Mosbach, die uns im Rahmen der MPDV-Junior-Akademie die finanziellen und strukturellen Möglichkeiten bot und bietet, die in diesem Buch beschriebenen Unterrichtskonzepte in der Praxis auszuprobieren. Wir bedanken uns bei Dr. Ludger Fast und Joachim Pfisterer vom Verein Jugend@Technik e. V. Obrigheim für die Koordination der Kurse an der MPDV-Junior-Akademie. Ein besonderer Dank gilt Joachim Pfisterer, Lehrer an der Realschule Obrigheim, der es uns immer wieder ermöglichte Unterrichtskonzepte mit dem Raspberry Pi auch vor Ort an der Schule auszuprobieren und zu evaluieren.

Heidelberg, Deutschland	Andreas Schnirch
Bretten, Deutschland	Nadine Ridinger
Wiesloch, Deutschland	Felix Weschenfelder

Inhaltsverzeichnis

1 Einleitung 1
   1.1 Was ist die MPDV Junior-Akademie? 3
   1.2 Wen wollen wir ansprechen? 4
   1.3 Wie ist dieses Buch aufgebaut? 4
   Literatur 5

2 Didaktik der Informatik 7
   2.1 Informatikunterricht an deutschen Schulen 7
   2.2 Didaktik first, Medium second 8
   2.3 Grundsätze für einen guten Informatikunterricht 9
   2.4 Konstruktivistische Lernumgebungen 9
        2.4.1 Problemorientiertes Lernen – problemorientierte Lernumgebungen 10
        2.4.2 Konsequenter Konstruktivismus 11
   2.5 Interesse und Motivation im schulischen Kontext 12
        2.5.1 Konzept der Interessenentwicklung 12
        2.5.2 Selbstbestimmungstheorie der Motivation 13
        2.5.3 Die Bedeutung von Interesse und Lernmotivation in der Schule 15
   2.6 Problemorientierung im Informatikunterricht 16
   Anforderungen an eine interessen- und motivationsfördernde Lernumgebung 17
        2.6.1 Inhalte und Prozesse 17
   2.7 Fachübergreifendes Lernen 19
   2.8 Bezüge zum Technikunterricht der Sekundarstufe I 20
   2.9 Projektunterricht 21
   2.10 Anfangsunterricht 22
   2.11 Informatiklabor 23
   2.12 Konzeption der MicroBerry-Lernumgebung 23
   Literatur 25

3	**Die MicroBerry-Lernumgebung**		31
	3.1	Rahmenbedingungen für den Einsatz der MicroBerry- Lernumgebung	32
		3.1.1 Aufbau des Klassenraums als Informatiklabor	32
		3.1.2 Sortimentskasten als Ordnungssystem	34
		3.1.3 Der Raspberry Pi	35
		3.1.3.1 Der Aufbau und die Anschlüsse des Raspberry Pi 3 Modell B	36
		3.1.3.2 Die 40 Pin Stiftleiste – das Highlight des Raspberry Pi	38
		3.1.3.3 Verarbeitung analoger Signale	42
		3.1.4 Der Explorer HAT Pro	43
		3.1.5 Aufbau eines Netzwerks	45
	3.2	Software	46
		3.2.1 Installation des Betriebssystems Raspbian	46
		3.2.2 Konfiguration des Raspberry Pi mit Raspbian	47
		3.2.2.1 Grundkonfiguration über die grafische Benutzeroberfläche	47
		3.2.2.2 Erweiterte Systemkonfiguration mit dem Terminal	50
		3.2.2.3 Installation aller für unsere Lernumgebung notwendigen Programme	52
		3.2.3 Image erstellen und anwenden	54
		3.2.4 Einrichten der IP-Adressen der RPis	54
		3.2.5 Einrichten des Kommunikationsnetzwerks	56
		3.2.5.1 Netzwerkspeicher	57
		3.2.5.2 VNC	59
		3.2.6 Die Programmiersprache Scratch	61
		3.2.6.1 Befehle zur Verwendung der GPIO's in Scratch	66
		3.2.6.2 Einbinden einer Kamera in Scratch	69
		3.2.6.3 Scratch-Befehle zur Verwendung des Explorer HAT Pro	69
		3.2.6.4 Die Programmiersprache Scratch im Anfangsunterricht	72
		3.2.7 Die Programmiersprache Python	72
		3.2.7.1 Einführung	72
		3.2.7.2 Befehle zur Verwendung der GPIOs in Python	74
		3.2.8 Flussdiagramme erstellen mit dem Programm „DIA"	76
	Literatur		78
4	**Unterrichtseinheit im Rahmen der MicroBerry-Lernumgebung**		81
	4.1	Vorbereitung der Unterrichtseinheit	82
	4.2	Durchführung der Unterrichtseinheit: „Grundelemente von Algorithmen"	83
		4.2.1 Verlaufsphase „Motivierender Einstieg"	83

		4.2.2	Verlaufsphase „Vorstellung des Themengebiets"	84
		4.2.3	Verlaufsphase „Erarbeitung des Themengebiets"	85
		4.2.4	Verlaufsphase „Zusammenfassung der gelernten Inhalte"	88
	4.3	Die Projektphase		88
		4.3.1	Verlaufsphase „Entscheidungsphase"	89
		4.3.2	Verlaufsphase „Planung des Projektablaufs"	91
		4.3.3	Verlaufsphase „Durchführungsphase"	92
		4.3.4	Verlaufsphase „Auswertungsphase"	92
	Literatur			93

5 Lernsequenzen zur Unterrichtseinheit „Grundelemente von Algorithmen" 95

	5.1	Lernsequenz 1: „Der Raspberry Pi"		96
		5.1.1	Inhalt der Lernsequenz 1	96
		5.1.2	Didaktischer Kommentar zur Lernsequenz 1	99
			5.1.2.1 Didaktische Anmerkungen zur Programmiersprache Scratch	99
			5.1.2.2 Didaktische Anmerkung zur Programmiersprache Python	99
	5.2	Lernsequenz 2: Die Grundbausteine von Algorithmen – Sequenz		100
		5.2.1	Inhalt der Lernsequenz 2	100
		5.2.2	Didaktischer Kommentar zur Lernsequenz 2	102
			5.2.2.1 Didaktische Anmerkungen zur Programmiersprache Scratch	104
			5.2.2.2 Didaktische Anmerkungen zur Programmiersprache Python	106
	5.3	Lernsequenz 3: Die Grundbausteine von Algorithmen – Schleife		106
		5.3.1	Inhalt der Lernsequenz 3	106
		5.3.2	Didaktischer Kommentar zur Lernsequenz 3	107
			5.3.2.1 Didaktische Anmerkungen zur Programmiersprache Scratch	109
			5.3.2.2 Didaktische Anmerkungen zur Programmiersprache Python	109
	5.4	Lernsequenz 4: Der Ton macht die Musik		110
		5.4.1	Inhalt der Lernsequenz 4	110
		5.4.2	Didaktischer Kommentar zur Lernsequenz 4	111
			5.4.2.1 Didaktische Anmerkungen zur Programmiersprache Scratch	113
			5.4.2.2 Didaktische Anmerkungen zur Programmiersprache Python	114
	5.5	Lernsequenz 5: Die Grundbausteine von Algorithmen – Bedingung		114
		5.5.1	Inhalt der Lernsequenz 5	114

	5.5.2 Didaktischer Kommentar zur Lernsequenz 5.	115
	5.5.2.1 Didaktische Anmerkungen zur Programmiersprache Scratch.	116
	5.5.2.2 Didaktische Anmerkungen zur Programmiersprache Python	117
5.6	Lernsequenz 6: Grundbausteine von Algorithmen – Verzweigung	118
	5.6.1 Inhalt der Lernsequenz 6	118
	5.6.2 Didaktischer Kommentar zur Lernsequenz 6.	119
	5.6.2.1 Didaktische Anmerkungen zur Programmiersprache Scratch.	120
	5.6.2.2 Didaktische Anmerkungen zur Programmiersprache Python	121
5.7	Lernsequenz 7: Verwendung von Variablen in Algorithmen	121
	5.7.1 Inhalt der Lernsequenz 7	121
	5.7.2 Didaktischer Kommentar zur Lernsequenz 7.	122
	5.7.2.1 Didaktische Anmerkungen zur Programmiersprache Scratch.	122
	5.7.2.2 Didaktische Anmerkungen zur Programmiersprache Python	122
5.8	Lernsequenz 8: Die Darstellung von Algorithmen	124
	5.8.1 Inhalt der Lernsequenz 8	124
	5.8.2 Didaktischer Kommentar zur Lernsequenz 8.	125
Literatur.		126

6 Beschreibung des Projektskripts zur Unterstützung der Projektphase 127

7 Projektideen. 135
   7.1 Projektidee 1: Das ferngesteuerte Fahrzeug. 136
       7.1.1 Beispiellösungen mit Scratch. 137
       7.1.2 Beispiellösung mit Python. 138
   7.2 Projektidee 2: Roboterarm. 141
       7.2.1 Beispiellösung mit Scratch 143
       7.2.2 Beispiellösung mit Python. 143
   7.3 Projektidee 3: Automatische Bewässerungsanlage 145

8 Evaluationsergebnisse. 153
   8.1 Methodik 153
   8.2 Ergebnisse 155
       8.2.1 Ausprägung der Lernmotivation 155
       8.2.2 Erhebung der Bedingungen für motiviertes Handeln 157
       8.2.3 Erhebung der positiven und negativen Empfindungen und der empfundenen Wichtigkeit 157
       8.2.4 Geschlechtsspezifische Vergleiche. 157

		8.2.5	Kategorisierung der Antworten der offenen Fragen............	157

          8.2.5   Kategorisierung der Antworten der offenen Fragen............ 157
                  8.2.5.1   Inhaltsanalyse der angegebenen positiven Aspekte...... 158
                  8.2.5.2   Inhaltsanalyse der angegebenen negativen Aspekte 159
                  8.2.5.3   Inhaltsanalyse der angegebenen
                                Verbesserungsvorschläge........................ 160
  8.3   Interpretation der Ergebnisse................................. 160
  Literatur... 161

9 Anhang.. 163
  9.1   Erstellen einer Image-Datei mit dem Programm „Win32DiskImager".... 163
  9.2   Materialliste.. 167

Stichwortverzeichnis.. 171

Einleitung 1

Zusammenfassung

In der Einleitung wird der außerschulische Lernort „MPDV Junior-Akademie", an dem wir hauptsächlich unsere MicroBerry-Lernumgebung erprobten, und das dahinterstehende didaktische Konzept beschrieben. Erste Eindrücke über die Lernumgebung können über die abgebildeten QR-Codes gewonnen werden, welche zu Youtube-Videos verlinken, auf denen einige Projektpräsentationen von Schülerinnen und Schülern zu sehen sind. Zudem wird in diesem Kapitel der Aufbau dieses Buches im Überblick dargestellt.

Liebe Leserinnen, liebe Leser,

im vorliegenden Buch stellen wir Ihnen eine mit Schülerinnen und Schülern erprobte und evaluierte Lernumgebung für einen handlungs- und problemorientierten Einsatz des Mikrocomputers Raspberry Pi im Informatikunterricht der Sekundarstufe vor.

Dabei verstehen wir unter einer Lernumgebung in Anlehnung an Möller (1999) ein Gesamtarrangement, das Lernende effektiv im Lernprozess unterstützen soll. Als Bestandteile der Lernumgebung zählen in diesem eher weit gefassten Begriffsverständnis nicht nur die verwendeten Lehr- und Lernmaterialien und Medien, sondern auch die Lehrenden und die Lernpartnerinnen und -partner.

▶ Da der Mikrocomputer Raspberry Pi eine zentrale Rolle in unserer Lernumgebung spielt, haben wir diese „MicroBerry" **getauft**.

Durchgeführt wurden die Unterrichtseinheiten mit Schülerinnen und Schülern der Klassenstufen 8–10 aus Gymnasien und Realschulen. Die jeweils zweitägigen Kurse fanden dabei an der MPDV Junior-Akademie, der Realschule Obrigheim und der Pädagogischen Hochschule Heidelberg statt. Pro Kurs nahmen 14–16 Schülerinnen und Schüler teil, die jeweils von ein bis zwei Lehrkräften betreut wurden. Im Fokus der Evaluation stand die Untersuchung von Interessens- und Motivationsaspekten bei den beteiligten Schülerinnen und Schülern, die wir im Rahmen eines Forschungsprojektes an der Pädagogischen Hochschule Heidelberg durchgeführt haben.

Neben konkreten und differenzierten Unterrichtseinheiten, mit denen sich Schülerinnen und Schüler experimentell die Grundbausteine von Algorithmen erschließen können, werden Unterrichtseinheiten für fortgeschrittene Lernende sowie Projekte vorgestellt mit dem Ziel, Lehrerinnen und Lehrer wirkungsvoll bei der Konzeption des eigenen Unterrichts zu unterstützen. Natürlich können die einzelnen hier vorgestellten Einheiten auch als Selbstlernmodule genutzt werden.

Einen ersten Eindruck über die Lernumgebung und der dabei von Schülerinnen und Schülern realisierten Projekte können Sie sich mithilfe ausgewählter Youtube-Videos verschaffen, siehe Abb. 1.2. Diese und weitere Videos sind im Rahmen bereits durchgeführter Kurse entstanden.

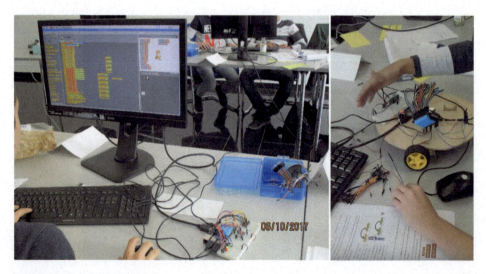

Abb. 1.1 Kurs-Impressionen

1.1 Was ist die MPDV Junior-Akademie?

„Raspberry Pi Kurs an der mpdv - April 2019"

Link:
https://youtu.be/_iy2qwzaka0?list=PLKmz4r57XO6i2-MJeKR6MDDt4rKBqx5qM

„Raspberry Pi Kurs an der mpdv Oktober 2018"

Link:
https://youtu.be/D7w7dGwyqlk?list=PLKmz4r57XO6i2-MJeKR6MDDt4rKBqx5qM

„Raspberry Pi Kurs an der mpdv (Dez. 2017)"

Link:
https://youtu.be/Pl6qNeXH4nE?list=PLKmz4r57XO6i2-MJeKR6MDDt4rKBqx5qM

„MicroBerry-Kurs an der PH Heidelberg (Dez. 2017)"

Link:
https://youtu.be/J1vIu_MM-O8?list=PLKmz4r57XO6i2-MJeKR6MDDt4rKBqx5qM

Gesamte Videoplaylist aller YouTube-Videos

Link:
https://www.youtube.com/playlist?list=PLKmz4r57XO6i2-MJeKR6MDDt4rKBqx5qM

Abb. 1.2 QR-Codes zu ausgewählten Kursen

Als Grundlagen für die Entwicklung der Lernumgebung dienten

- eigene Unterrichtserfahrungen mit dem Mikrocontroller-Modul Basic-Stamp im Rahmen von Informatikkursen an der MPDV-Junior-Akademie und der Realschule Obrigheim,
- Erkenntnisse und Erfahrungen aus mehreren Seminaren an der Pädagogischen Hochschule Heidelberg zum Einsatz des Raspberry Pi im Unterricht,
- didaktische Analysen im Rahmen verschiedener wissenschaftlicher Hausarbeiten und Forschungsprojekten an der Pädagogischen Hochschule Heidelberg.

1.1 Was ist die MPDV Junior-Akademie?

Die MPDV Junior-Akademie[1] wurde im Nov. 2014 mit dem Ziel gegründet, Schülerinnen und Schüler verschiedener Altersstufen und aus verschiedenen Schularten an MINT-Themen (Mathematik, Informatik, Naturwissenschaft und Technik) heranzuführen und

---

[1] https://www.mpdv.com/de/unternehmen-referenzen/mpdv-junior-akademie/.

dabei Freude und Interesse an deren Inhalte beziehungsweise Themen zu wecken. Die regelmäßig angebotenen zweitägigen Seminare finden dabei in der Firma MPDV Mikrolab GmbH[2] in Mosbach statt, die sowohl die Räumlichkeiten als auch die benötigten Materialien und die Infrastruktur zur Verfügung stellt. Die MPDV ist ein mittelständiges Unternehmen, das unter anderem Softwarelösungen im Bereich Manufacturing Execution Systeme (MES) entwickelt und bereitstellt. Neben den Mikrocontroller-Seminaren für die Klassenstufen 8–10 werden für die Klassenstufen 5–7 Roboterkurse (Lego-Mindstorm) und für die Oberstufe Kurse zum Experimentieren mit einem automatisierten Fertigungssystem (MecLab) angeboten (vgl. Fast 2017; Fast et al. 2017).

Die Unter- und Mittelstufen-Seminare an der MPDV Junior-Akademie werden von Studierenden der Pädagogischen Hochschule Heidelberg, die Oberstufenkurse von Studierenden der DHBW (Duale Hochschule Baden-Württemberg) Mosbach entwickelt und durchgeführt. Nach der Durchführung werden die Seminare jeweils analysiert, reflektiert und das jeweilige Konzept optimiert.

1.2 Wen wollen wir ansprechen?

Wesentlicher Bestandteil unserer Lernumgebung ist die Nutzung und Steuerung von elektronischen Sensoren und Aktoren, so dass wir inhaltlich viele Bezüge zum allgemeinbildenden Technikunterricht ableiten können. Auch ein Einsatz der Lernumgebung in der berufsbildenden Schule wäre denkbar, so dass wir beim Schreiben dieses Buches folgende Zielgruppen ins Auge gefasst haben:

- Lehrerinnen und Lehrer der Fächer Informatik und Technik der Sekundarstufe I und II in allen allgemeinbildenden Schularten
- Lehrerinnen und Lehrer der Berufsschulen und Berufsfachschulen der technischen Fächer
- Lehramtsstudierende der Fächer Informatik und Technik
- Lehrende an Hochschulen
- technikbegeisterte Schülerinnen und Schüler

1.3 Wie ist dieses Buch aufgebaut?

In Kap. 2 werden die didaktischen Grundlagen vorgestellt, auf deren Basis wir unsere Lernumgebung entwickelt haben. Eckpfeiler dieser Grundlagen sind die Grundsätze für einen guten Informatikunterricht, konstruktivistische Lehr-/Lerntheorien und empirische Befunde der Informatikdidaktik, aus denen heraus wir die Konzeption einer problem- und handlungsorientierten sowie fachübergreifenden Lernumgebung begründen. Außerdem

---

[2] https://www.mpdv.com/de/.

stellen wir zentrale Erkenntnisse der Interessen- und Motivationsforschung vor, die ebenfalls konzeptionell in die Entwicklung der Lernumgebung einflossen und für die Evaluation eine wichtige Rolle spielen.

In Kap. 3 beschreiben wir die einzelnen Komponenten unserer Lernumgebung. Dabei wird nicht nur die verwendete Hardware (Raspberry Pi, Explorer HAT Pro, Sortimentskästen), sondern auch die genutzte Software (Scratch, Python, DIA) beschrieben. Außerdem gehen wir auf vorbereitende Aspekte wie die Installation und Konfiguration des Betriebssystems, das Einrichten eines Netzwerks und das Erstellen eines Images ein.

Während in Kap. 4 der prinzipielle Aufbau der erprobten Unterrichtseinheit mit ihren verschiedenen Verlaufsformen dargestellt wird und die Aspekte der Lehrgangs- und Projektphase erläutert werden, beschreibt Kap. 5 die entwickelten Arbeitsblätter der verschiedenen Lernsequenzen mit entsprechenden Hinweisen und Tipps für die Umsetzung. Kap. 6 beschreibt das Projektskript, das den Schülerinnen und Schülern während der Projektphase unterstützend zur Verfügung steht.

In Kap. 7 werden exemplarisch mögliche Projekte dargestellt und beschrieben.

In Kap. 8 werden schließlich Evaluationsergebnisse zur Interessen- und Motivationsausprägung der befragten Schülerinnen und Schüler und Ergebnisse der Kategorien geleiteten Inhaltsanalyse der offenen Fragen des eingesetzten Fragebogens dargestellt und diskutiert.

Selbstverständlich kann dieses Buch linear von vorne nach hinten durchgearbeitet werden. Sollten Sie vor allem an der praktischen Umsetzung interessiert sein, ist es natürlich auch möglich, direkt bei Kap. 3 oder 4 einzusteigen. Wenn Sie noch keine Erfahrungen mit dem Raspberry Pi gesammelt haben, ist es empfehlenswert, zunächst Kap. 3 durchzuarbeiten.

Außerdem sei erwähnt, dass die Unterrichtsskripte, die in diesem Buch beschrieben werden, mit entsprechenden Musterlösungen als Download über den Dozenten-Service des Springer-Verlags zur Verfügung stehen.

Literatur

Fast, L.: Die MPDV Junior-Akademie – Qualifizierung im IT-Bereich. Z. Tech. Unterr. tu **166** (4. Quartal), 16 ff. (2017)

Fast, L., Schnirch, A., Pfisterer, J.: MPDV-Junior-Akademie – IT-Qualifizierung für Schülerinnen und Schüler. https://www.mpdv.com/media/Brochures/DE/Broschuere_Junior_Akademie_DE.pdf (2017). Zugegriffen am 07.02.2019

Möller, R.: Lernumgebungen und selbstgesteuertes Lernen. In: Meister, D.M., Sander, U. (Hrsg.) Multimedia: Chancen für die Schule, S. 140–154. Luchterhand, Neuwied (1999)

2 Didaktik der Informatik

Zusammenfassung

In diesem Theorieteil gehen wir der Frage nach, welchen Anforderungen eine Lernumgebung für den Anfangsunterricht der Informatik genügen sollte. Da in den „Grundsätzen eines guten Informatikunterrichts" (GI 2008), auf den Konstruktivismus verwiesen wird, nähern wir uns dieser Frage, indem wir zunächst auf konstruktivistische Lehr-Lern-Theorien eingehen. Anschließend stellen wir das Konzept des problemorientierten Lernens nach Hense et al. (2001) vor. Dieses Konzept erweist sich als kompatibel zu den Anforderungen einer konstruktivistischen Lernumgebung und bietet sich, auch aufgrund der Problemorientierung, gut für den Informatikunterricht an. Neben der Problemorientierung, als wichtige Komponente des Informatikunterrichts, wird die Bedeutung von Interesse und Motivation im schulischen Kontext erörtert und daraus weitere wesentliche Anforderungen an Lernumgebungen abgeleitet. Erläutert werden dabei das Konzept der Interessenentwicklung nach Krapp (1998) und die Selbstbestimmungstheorie nach Deci und Ryan (2002). Aus diesen Theorien heraus begründen wir die Sinnhaftigkeit des fachübergreifenden Lernens und nehmen Bezug zum Technikunterricht und zur Methode des Projektunterrichts. Diese verschiedenen Aspekte führen zur begründeten Konzeption der MicroBerry-Lernumgebung, die abschließend dargestellt wird.

2.1 Informatikunterricht an deutschen Schulen

Hilbert Mayer (2017) stellt in seinem Tagungsbeitrag zur INFOS 2017 (17. GI-Fachtagung Informatik und Schule) die begründete These auf, dass die Chancen, das Fach Informatik endgültig im Fächerkanon der allgemeinbildenden Schulen zu etablieren, noch nie so groß waren wie heute. In der Tat herrscht diesbezüglich in der deutschen Bildungslandschaft seit geraumer Zeit eine gewisse Aufbruchsstimmung. Obwohl man in unserem föderal geprägten Bildungssystem ganz unterschiedliche Modelle und Konzepte findet, etabliert sich die informatische Bildung an allgemeinbildenden Schulen in immer mehr Bundesländern (Diethelm 2017). Ende 2017 hat beispielsweise Baden-Württemberg den Ausbau des Informatikunterrichts an weiterführenden Schulen beschlossen. Aufbauend auf dem Basiskurs „Medienbildung" in Klassenstufe 5 findet in Klassenstufe 7 der Aufbaukurs „Informatik" statt. In den Klassenstufen 8–10 ist in Haupt-/Werkrealschulen und Realschulen ab dem Schuljahr 2019/20 ein Wahlfach Informatik und an Gymnasien ab dem Schuljahr 2018/19 beziehungsweise an Gemeinschaftsschulen ab dem Schuljahr 2019/20 jeweils ein Profilfach „Informatik, Mathematik und Physik (IMP)" geplant. In der gymnasialen Oberstufe kann das Fach „Informatik" bis zum Abitur gewählt werden (Ministerium für Kultus, Jugend und Sport Baden-Württemberg 2017).

Grundlage der länderspezifischen Bildungspläne sind in der Regel die Bildungsstandards für die Informatik in der Schule, die von einer Arbeitsgruppe der Gesellschaft für Informatik (GI) für die Sekundarstufe I (Gesellschaft für Informatik 2008) beziehungsweise für die Sekundarstufe II (Gesellschaft für Informatik 2016) entwickelt wurden.

2.2 Didaktik first, Medium second

Legt man sich auf ein spezielles Medium fest, in unserem Fall den Raspberry Pi, besteht die Gefahr, den Unterricht zu stark auf das Medium zu fokussieren, so dass dieser im Extremfall zu einer reinen Produktschulung verkommt. Schubert und Schwill (2011) weisen in diesem Zusammenhang darauf hin, dass informatische Bildung unabhängig von der Wahl der Werkzeuge ist und somit keine Produktbindung existiert.

> „Im Mittelpunkt steht vielmehr die Vermittlung von Wirkprinzipien, die anhand von Systemen oder Produkten studiert werden und nicht umgekehrt. Es werden primär keine Bedienfertigkeiten vermittelt". (ebd. 2011, S. 32)

Um dieser Gefahr einer Medienfokussierung zu begegnen, ist es also sinnvoll, sich zunächst mit den Zielen, Inhalten und Methoden des Unterrichts zu beschäftigen, um danach eine didaktisch begründete Auswahl des Mediums treffen zu können. Ausgehend von den Grundsätzen eines „guten" Informatikunterrichts wollen wir deshalb zunächst untersuchen, wie eine Lernumgebung aussehen kann, die diesen Grundsätzen folgt, um im zweiten Schritt didaktisch fundiert zu zeigen, dass der Einsatz des Raspberry Pi als eine von mehreren Möglichkeiten hierfür gut geeignet ist.

2.3 Grundsätze für einen guten Informatikunterricht

Neben den Bildungsstandards für den Informatikunterricht hat die Gesellschaft für Informatik sechs Grundsätze für einen guten Informatikunterricht formuliert (Gesellschaft für Informatik 2008). Abgeleitet von den sechs Principles des Mathematikunterrichts der NCTM (Mathematiklehrerverband der USA) (NCTM 2000) beziehen sich diese Grundsätze auf die folgenden Aspekte: Chancengleichheit, Curriculum, Lehren und Lernen, Qualitätssicherung, Technikeinsatz und Interdisziplinarität (Gesellschaft für Informatik 2008).

Im Teilbereich Lehren und Lernen wird auf den Konstruktivismus als Lehr-Lern-Theorie verwiesen und daraus die Notwendigkeit eines Anwendungsbezugs in der informatischen Bildung begründet (ebd.). Auch Hubwieser (2007), Schubert und Schwill (2011) und Modrow und Strecker (2016) weisen explizit auf den Konstruktivismus hin, der als Erkenntnistheorie die theoretische Basis für einen handlungs-, problem- und anwendungsorientierten Informatikunterricht darstellt. Lernen kann aus dieser Sicht nur dann gelingen, wenn sich die Lernenden aktiv am eigenen Lernprozess beteiligen. Aus konstruktivistischen Erkenntnistheorien lassen sich Gestaltungskriterien für handlungs-, problem- und anwendungsorientierte Lernumgebungen ableiten, die im Folgenden skizziert werden.

2.4 Konstruktivistische Lernumgebungen

Konstruktivistische Lehr-Lerntheorien gliedern sich in verschiedene Strömungen und Konzepte auf. Neben dem „radikalen" Konstruktivismus (Foerster 1992, 1994, 2002; Glasersfeld 1994, 1995, 1998) lassen sich unterschiedliche sozialkonstruktivistische Theorien wie zum Beispiel der Ansatz des situierten Lernens (situated cognition) (Clancey 1993; Greeno 1992; Roth 1996; Roth und McGinn 1997) finden, aus denen heraus verschiedene Richtlinien zur Gestaltung von Lernumgebungen entwickelt wurden. In diesem Zusammenhang sind zum Beispiel der „Anchored Instruction-Ansatz", der „Cognitive Flexibility-Ansatz" sowie der „Cognitive Apprenticeship-Ansatz" (Gerstenmaier und Mandl 1995; Mandl et al. 2002; Müller 2004) zu nennen, bei denen jeweils möglichst „authentische Probleme" und deren Lösungen im Fokus stehen.

Aus diesen Ansätzen haben zum Beispiel Gerstenmaier und Mandl (1995) grundlegende Gestaltungsaspekte für konstruktivistische Lernumgebungen abgeleitet. Um einen Anwendungsbezug herzustellen sollen sich Lernende dabei in authentischen Situationen mit möglichst realistischen Problemen beschäftigen und entsprechende Aufgaben lösen. Durch „Multiple Kontexte und Perspektiven" soll gewährleistet werden, dass die zu erlernenden Inhalte und Prozesse flexibel auf verschiedene Problemstellungen übertragen werden können. Im Kontext des „Sozialen Lernens" ist es bedeutsam, dass die Lernumgebung kooperatives Lernen ermöglicht.

Außerdem sind für die Lernenden individuelle Handlungsspielräume notwendig, damit diese eigene Wissenskonstruktionen, Erfahrungen und Interpretationen vornehmen können (Gerstenmaier und Mandl 1995; Dubs 1995; Reinmann-Rothmeier und Mandl 1994, 2001).

Es ist aber auch sinnvoll, dass beim selbstgesteuerten Lernen eine ausreichende instruktionale Unterstützung gegeben wird, damit die Lernenden bei möglichen Problemen nicht demotiviert aufgeben (ebd.).

2.4.1 Problemorientiertes Lernen – problemorientierte Lernumgebungen

Anknüpfend an die zuvor beschriebenen Anforderungen an eine konstruktivistisch geprägte Lernumgebung entwickelten Hense et al. (2001) das Konzept des „problemorientierten Lernens", das dem „Problem" im Lehr-Lernprozess eine zentrale Rolle zuweist (vgl. auch Tulodziecki 2005; Buchholtz 2010). Schülerinnen und Schüler sollen nach diesem Konzept zusätzlich möglichst eigenständig Aufgaben lösen, die authentische Problemstellungen thematisieren. Abb. 2.1 zeigt die einzelnen Aspekte der Gestaltungsprinzipien für problemorientierte Lernumgebungen in der Übersicht.

Dabei sind authentische Probleme dadurch gekennzeichnet, dass sie, so Hense et al. (2001), einen möglichst großen Bezug zu realen Problemstellungen haben, das heißt vor allem an aktuelle Fragen oder an persönliche Erfahrungen anknüpfen.

Multiple Kontexte und Perspektiven ließen sich am besten im fachübergreifenden Unterricht verwirklichen, da hier unterschiedliche und interdisziplinäre Blickwinkel vorhanden seien beziehungsweise entwickelt werden könnten (ebd.).

Auch dieser Aspekt lässt sich im Informatikunterricht hervorragend umsetzen, denn

> „Informatik ist per se fachübergreifend und fächerverbindend, deshalb ist Interdisziplinarität ein Grundsatz der Unterrichtsgestaltung". (Gesellschaft für Informatik 2008, S. 10)

Abb. 2.1 Gestaltungsprinzipien für problemorientierte Lernumgebungen

2.4 Konstruktivistische Lernumgebungen

Beim kooperativen Lernen ist es zudem wichtig, dass zur Bearbeitung und zur Lösung problemorientierter Aufgaben auch wirklich Kooperation notwendig ist (ebd.)

Um Schülerinnen und Schüler vor Überforderung zu bewahren sind geeignete instruktionale Unterstützungsangebote hilfreich und notwendig. Es stellt sich dabei immer die Frage, in welchem Verhältnis Instruktions- und Autonomiephasen stehen müssen, um Lernen optimal zu fördern? Diese Frage lässt sich aus Erkenntnissen empirischer Untersuchungen zur Bedeutungsentwicklung beantworten, die aus dem Ansatz des konsequenten Konstruktivismus entstanden sind und im Folgenden kurz dargestellt werden.

2.4.2 Konsequenter Konstruktivismus

In der Physikdidaktik ist unter Berücksichtigung neuropsychologischer Erkenntnisse (Roth 1997; Roth und Prinz 1996) und in Anlehnung an den Situated cognition-Ansatz das Konzept des „konsequenten" Konstruktivismus (Aufschnaiter 1992, 1998) entstanden. Aus diesem Konzept heraus entwickelten sich neben dem Bremer Komplexitätsmodell zur Beschreibung, Rekonstruktion und Klassifizierung von Bedeutungskonstruktionen Lernender (Fischer 1989; Aufschnaiter und Welzel 1997, 1998; Welzel 1997; Aufschnaiter 1999) empirisch abgesicherte Erkenntnisse über die zeitliche Dimension von Bedeutungskonstruktionen.

Empirische Untersuchungen (u. a. Pöppel 1997; Roth 1997; Aufschnaiter und Aufschnaiter 2003; Aufschnaiter et al. 2000) konnten zeigen, dass einzelne Bedeutungen aus einer Abfolge zirkulärer Prozesse von Wahrnehmung, Erwartung und Handlung in einem Zeitraum von bis zu drei Sekunden entstehen. Wird bei der Bearbeitung einer Aufgabe oder Teilaufgabe innerhalb von fünf Minuten keine sinnvolle Lösungsstrategie entwickelt, so wird die Bearbeitung häufig frustriert abgebrochen (Aufschnaiter 2001).

Dieser Befund hat wichtige Konsequenzen für die Gestaltung von Lernumgebungen, liefert er doch einen quantifizierbaren Anhaltspunkt, das richtige Maß zwischen Instruktion und Konstruktion zu finden.

Lernumgebungen, in denen Lernende die zur Verfügung gestellten und zum Leistungsniveau der Schülerinnen und Schüler passenden Aufgaben zum Beispiel in kleinen Gruppen bearbeiten, scheinen nach S. v. Aufschnaiter hierbei gut geeignet zu sein. Er nennt solche Unterrichtsphasen auch „selbstorganisationsoffener Unterricht" (ebd.). S. v. Aufschnaiter (ebd.) fasst diese Erkenntnis folgendermaßen zusammen:

> „Selbstorganisationsoffener Unterricht mit überwiegend aufgabenbasierten Lernumgebungen, die im Hinblick auf Passung zu den bisherigen bereichsspezifischen Fähigkeiten der Schüler sorgfältig geplant wurden, und in denen es Schülern weitgehend überlassen bleibt, autonom in diesen Lernumgebungen zu „navigieren", sollten Wissensentwicklung und Lernen nicht nur im Physikunterricht, sondern auch in anderen Unterrichtsfächern optimal fördern". (Aufschnaiter 2001, S. 266)

Außerdem schreibt er,

„[...] dass ein hoher Anteil tatsächlich für fachbezogene Wissensentwicklungen genutzte Unterrichtszeit und ein hoher Anteil an subjektivem Erleben von Kompetenz, Autonomie und sozialer Eingebundenheit (u. a. Deci und Ryan 1993) Lernen langfristig am besten fördert". (Aufschnaiter 2001, S. 266)

Kompetenz, Autonomie und soziale Eingebundenheit sind, wie weiter unten noch näher ausgeführt, notwendige Faktoren motivierten Handelns. S. v. Aufschnaiter verdeutlicht somit die Verbindung zwischen konstruktivistisch geprägten Lernumgebungen und der Motivation im Unterrichtsgeschehen und hebt damit die Bedeutung dieser beiden Faktoren für das langfristige Lernen hervor (Schnirch 2006).

Wenn, wie oben beschrieben, Schülerinnen und Schüler, die in aufgabenbasierten Lernumgebungen innerhalb von fünf Minuten keine Lösungsansätze finden, demotiviert abbrechen, dann kann man umgekehrt davon ausgehen, dass Lerner, die über längere Zeit motiviert an einer Aufgabe arbeiten, sich in entsprechend „passenden" Lernumgebungen bewegen. Damit rückt die Untersuchung von Motivationsvariablen in den Fokus empirischer Begleitforschung.

Zudem sieht der Informatikdidaktiker Hubwieser (2007) in der „Motivierung" von Lernenden das vordringliche Ziel didaktischen Handelns und stellt damit die große Bedeutung der Motivation im Lernprozess heraus. Im Folgenden werden wichtige Erkenntnisse der Motivations- und Interessenforschung zusammengefasst dargestellt.

2.5 Interesse und Motivation im schulischen Kontext

2.5.1 Konzept der Interessenentwicklung

Wenn eine Person Interesse an einem Lerngegenstand hat, zeigt sich dies darin, dass diese Person zum einen eine hohe Wertschätzung gegenüber dem Gegenstandsbereich aufweist und zum anderen den handelnden Umgang mit dem Gegenstand emotional positiv bewertet. Durch diese Interessenhandlungen erschließt sich die Person dann neue Erkenntnisse und Kompetenzen (Krapp 1998; Rheinberg und Fries 1998; Krapp und Prenzel 2011).

„Aus Interesse zu handeln bedeutet somit, sich einen Gegenstand zu erschließen. Über seine Interessen erarbeitet sich der Mensch Sach- und Sinnzusammenhänge". (Krapp 1998, S. 186)

In der Interessenforschung unterscheidet man zwischen situationalem und individuellem Interesse (Krapp 1998; Renninger et al. 1998; Rakoczy 2008; Krapp und Prenzel 2011; Schiefele und Schaffner 2015). Situationales Interesse kann dabei als aktueller individueller und zeitbegrenzter Zustand verstanden werden, der in konkreten Handlungsabläufen erlebt wird und im Idealfall für eine gewisse Zeit aufrechterhalten bleibt. Individuelles Interesse ist ein dauerhaftes Entwicklungsresultat, dass sich über mehrere Stufen und längerfristig aus situationalem Interesse entwickeln kann (Krapp 1998). Hierzu ist es notwendig, dass eine von der Lernsituation beziehungsweise Lernumgebung angeregte

Neugier in eine dauerhafte Beschäftigung mit dem Lerngegenstand übergeht (ebd.). Dies gelingt aber nur dann, wenn die Lernsituation insgesamt als emotional positiv empfunden wird.

Im Unterricht kann ein solches situationales Interesse zum Beispiel durch die eingesetzte Lernumgebung erzeugt und im Idealfall für eine gewisse Zeit aufrechterhalten werden.

Von welchen Bedingungen hängt es nun aber ab, dass eine Lernsituation als emotional positiv empfunden wird? Eine Antwort auf diese Frage liefert uns die Selbstbestimmungstheorie der Motivation (Deci und Ryan 1993), die im Folgenden näher beleuchtet wird.

2.5.2 Selbstbestimmungstheorie der Motivation

Im Wesentlichen findet man in der Lehr-Lern-Forschung zwei theoretisch fundierte Beschreibungen motivationsrelevanter Faktoren. Zum einen sind dies die kognitiven Theorien. Darunter zählen die sogenannten Zielorientierungstheorien (Heckhausen 1987, 1989; Rheinberg 1986, 1997; Rheinberg und Fries 1998), die sich aus behavioristischen und kognitionspsychologischen Ansätzen entwickelt haben und die Zielkomponente motivierten Handelns in den Blick nehmen oder auch die Selbstwirksamkeitstheorie (Bandura 1977, 2001; Mittag et al. 2002; Schwarzer und Jerusalem 2002), die davon ausgeht, dass bevor eine Person handelt, sie ihre eigenen Fähigkeiten einschätzt und Ergebniserwartungen bildet. Die weitere Handlung oder auch Nichthandlung hängt dann von diesen beiden Faktoren ab (zusammenfassende Übersicht bei Krapp und Ryan 2002; Ramseier 2004). Es gibt nun verschiedene Strategien, Selbstwirksamkeitserwartungen zu steigern. Nach Bandura (2001) ist die eigene erfolgreiche Ausführung einer Handlung die stärkste Quelle von Selbstwirksamkeit. An zweiter Stelle folgt dann die Beobachtung einer Person, die die Handlung erfolgreich ausführt (Lernen am Modell; ebd. 2001). Selbstwirksamkeitserwartungen sind in der Regel domänenspezifisch. So bezeichnet beispielsweise die computerbezogene Selbstwirksamkeitserwartung das Zutrauen einer Person in die eigene Fähigkeit, mit dem Computer erfolgreich umgehen zu können (Cassidy und Eachus 2002; Barbeite und Weiss 2004; Kohlmann et al. 2005; Spannagel und Bescherer 2009; Schnirch et al. 2011; Schnirch und Spannagel 2011). Dabei gilt, dass positive Erlebnisse bei der selbstständigen Computernutzung zur Steigerung des Kompetenzerlebens der Lernenden führen (Schnirch und Spannagel 2011).

Der zweite Ansatz fokussiert stärker die emotionalen Erlebensqualitäten im Prozessgeschehen der Motivation (Krapp und Ryan 2002). Hierzu zählen die Theorie des Flow-Erlebens nach Csikszentmihalyi und Schiefele (1993) und vor allem die Selbstbestimmungstheorie (Self-Determination Theory) der Motivation nach Deci und Ryan (1985, 1993, 2002).

Nach der Selbstbestimmungstheorie der Motivation strebt jede Form menschlicher Motivation nach Befriedigung grundlegender psychologischer Bedürfnisse (Krapp 2005). Hierzu gehören zunächst die Bedürfnisse nach Kompetenzerleben, Selbstbestimmung und soziale Eingebundenheit. Aber auch grundlegende Fähigkeiten und Interessen einer Person spielen eine wichtige Rolle (Deci und Ryan 1993). Im Kompetenzerleben kommt das Bedürfnis der erlebten Handlungsfähigkeit des Individuums zum Tragen, das anstehenden Aufgaben gewachsen sein möchte um diese eigenständig zu bewältigen (Krapp 1998).

Wenn Schülerinnen und Schüler Aufgaben, für die sie, wie oben beschrieben, nach längstens fünf Minuten keine Lösungsansätze finden, demotiviert abbrechen, dann ist wohl vor allem dieses Bedürfnis nach Kompetenzerleben nicht ausreichend befriedigt worden.

Die Selbstbestimmung zielt auf das Bestreben des Individuums, die Ziele und Vorgehensweisen eigenen Handelns selbst zu bestimmen. Im Bedürfnis nach sozialer Eingebundenheit spiegelt sich das Bestreben nach befriedigenden Sozialkontakten wider (ebd.).

Die Selbstbestimmungstheorie versteht die motivationale Handlungssteuerung einer Person als einen abgestuften Entwicklungsprozess. Es werden dabei fünf Motivationsvarianten unterschieden. Intrinsische Motivation wird dabei als interessenbestimmte Handlung verstanden, während die anderen vier Arten verschiedene Formen der extrinsischen Motivation zugeordnet werden, die sich vor allem im Ausmaß der erlebten Selbstbestimmung voneinander abgrenzen lassen (siehe Abb. 2.2). Nach Deci und Ryan (1993) hat das Individuum das Bestreben, extrinsisch motivierte Verhaltensweisen in selbstbestimmte Handlungen zu überführen.

Die Determinanten intrinsischer Motivation werden in der „Cognitive Evaluation Theory" (Deci und Ryan 1985), die eine Subtheorie der Selbstbestimmungstheorie darstellt, näher beschrieben (Schnirch 2006). Kompetenz- und Autonomieerleben sind Voraussetzungen für intrinsisch motiviertes Verhalten. Es zeigt sich nun, dass intrinsische Motivation gesteigert werden kann, wenn im schulischen Kontext informationshaltige Lernumgebungen bereitgestellt werden, die die Bedürfnisse der Lernenden nach Kompetenzerleben, Autonomie und sozialer Eingebundenheit befriedigen (Krapp und Ryan 2002; Krapp 2005).

Besonders die Verbindung von wirksamkeitsförderlichen Feedbacks mit Maßnahmen der Autonomieunterstützung sei förderlich. Negativen Einfluss auf die intrinsische Motivation haben dagegen stark kontrollierende und amotivierende Lernumgebungen, die

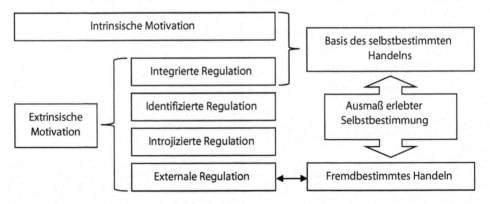

Abb. 2.2 Extrinsische und intrinsische Motivation (vgl. Schnirch 2006)

Lernenden Gefühle der Inkompetenz vermitteln (Krapp und Ryan 2002; Krapp 2005). Auch das Gefühl der sozialen Eingebundenheit wirkt sich positiv auf die intrinsische Motivation aus (Ryan und Deci 2000; Ramseier 2004).

In der Schule müssen Inhalte und Prozesse zunächst meist extrinsisch motiviert werden, da man davon ausgehen kann, dass nicht jeder Schulstoff für alle Schülerinnen und Schüler interessant und damit intrinsisch motiviert ist (Ramseier 2004). Deci und Ryan (1993) nehmen allerdings an, dass

> „… soziale Umweltfaktoren, die den Heranwachsenden Gelegenheit geben, ihre Bedürfnisse nach Kompetenz, Autonomie und sozialer Eingebundenheit zu befriedigen, das Auftreten intrinsischer Motivation und die Integration extrinsischer Motivation erleichtern". (Deci und Ryan 1993, S. 229 f.)

Diese Annahme konnte in der Folge durch empirische Untersuchungen in verschiedenen pädagogischen Kontexten untermauert werden (Krapp 1998; Deci und Ryan 1993; Prenzel et al. 1993; Prenzel und Drechsel 1996; Lewalter et al. 1998).

Zudem ist das von Schülerinnen und Schülern wahrgenommene Interesse der Lehrkraft am Lerngegenstand ein weiterer wichtiger Faktor für die Lernmotivation der Lernenden. Dabei hat eine auf das Thema bezogene hohe Begeisterung der Lehrkraft einen positiven Einfluss auf die Lernmotivation der Schülerinnen und Schüler (Prenzel et al. 1996; Prenzel und Drechsel 1996).

2.5.3 Die Bedeutung von Interesse und Lernmotivation in der Schule

In schulischen Zusammenhängen hat sich der Begriff der „Lernmotivation" etabliert. Darunter versteht man den Wunsch eines Lerners bestimmte Inhalte oder Fertigkeiten zu erlernen (Schiefele 1996; Krapp 1999; Krapp und Hascher 2014).

Die Förderung von situationalem und individuellem Interesse und der Lernmotivation sind wichtige Ziele im Schulunterricht (Krapp 1998, 2003). Im Hinblick auf eine, auf Interesse und Lernmotivation beruhende, lebenslange Lern- und Bildungsbereitschaft, ist dies gerade auch im Informatikunterricht ein wichtiges Ziel (zusammenfassender Überblick u. a. bei Schnirch 2006).

So schreibt Krapp (2003, S. 94):

> „(...) im Hinblick auf die langfristige Bildungswirkung des Schulsystems kommt es entscheidend darauf an, dass die heranwachsende Generation den künftigen Anforderungen in Beruf und Gesellschaft gerecht wird. Da aber zum gegenwärtigen Zeitpunkt keine exakten Aussagen darüber gemacht werden können, welche Art von Kenntnissen und Fähigkeiten später gefordert sein werden, muss die lebenslange Bereitschaft zur selbständigen Weiterentwicklung der eigenen Kompetenzen eine zentrale Zielperspektive von Erziehung und Bildung sein".

Neben der Forderung der Einbindung motivationsbezogener Ziele in schulische Curricula sieht Krapp (2003) auch Handlungsbedarf bei der Evaluation:

> „Künftige Evaluationen der Qualität der Lehre auf verschiedenen Ebenen des Bildungssystems dürfen sich nicht auf die (relativ leicht messbaren) Indikatoren fachspezifischen Wissens beschränken. Sie müssen auch fachübergreifende und hier insbesondere motivationsrelevante Kategorien einbeziehen". (Krapp 2003, S. 103)

Zur Erhebung motivationsrelevanter Faktoren existieren verschiedene standardisierte Fragebogen. Der „Intrinsic Motivation Inventory (IMI)"[1]-Fragebogen ist ein valides Instrument zur mehrdimensionalen Messung aktueller motivationaler Zustände auf der Grundlage der oben dargestellten Selbstbestimmungstheorie der Motivation (vgl. Schnirch 2006). Ebenfalls auf dieser Theorie basiert ein standardisierter Fragebogen von Prenzel et al. (1996), den wir in adaptierter Form für die Evaluation der hier vorgestellten Lernumgebung genutzt haben.

2.6 Problemorientierung im Informatikunterricht

Weiter oben wurde das Konzept des problemorientierten Lernens im Kontext der Nutzung digitaler Medien im Unterricht vorgestellt. Außerdem wurde aus einer konsequent-konstruktivistischer Perspektive abgeleitet, dass der Unterrichtseinsatz von problemorientierten und aufgabenbasierten Lernumgebungen, Wissensentwicklung und Lernen optimal fördern können. Es zeigt sich zudem, dass solche Lernumgebungen ein hohes Motivationspotenzial haben. Neben der Möglichkeit des selbstbestimmten Arbeitens ist hier vor allem das empfundene Kompetenzerleben nach einer erfolgreich gelösten Aufgabe hoch einzuschätzen. Auch in der Informatikdidaktik wird dem methodischen Prinzip der Problemorientierung eine besondere Bedeutung zugewiesen. Nach Hubwieser (2007)

> „… scheint eine Vermittlung der naturgemäß abstrakten informatischen Lerninhalte nur dann erfolgversprechend, wenn durch konkrete, anschauliche Problemstellungen eine erhöhte Aufnahmebereitschaft der Schüler geschaffen wird". (ebd., S. 68)

Auch Humbert (2006) sieht im Problemlösen eine zentrale Kategorie des Informatikunterrichts. Zendler und Spannagel (2008) konnten empirisch zeigen, dass das „Problem" eines der zentralen Konzepte im Informatikunterricht darstellt und darauf aufbauend identifizierten Zendler et al. (2008) „problem solving and problem posing" als einen der bedeutsamsten Prozesse im Informatikunterricht.

---

[1] http://selfdeterminationtheory.org/.

Anforderungen an eine interessen- und motivationsfördernde Lernumgebung

Wir können somit in einer ersten Zusammenfassung konstatieren, dass eine auf Interesse und Selbstbestimmung beruhende Lernmotivation ein wichtiges Ziel des Informatikunterrichts sein sollte. Konstruktivistisch geprägte Lernumgebungen, in denen die Schülerinnen und Schüler die Möglichkeit haben, selbstbestimmt problem- und anwendungsorientierte Aufgaben zu bearbeiten, scheinen hierfür besonders gut geeignet zu sein. Lernumgebungen sollten zudem so gestaltet sein, dass Lernende das subjektive Gefühl haben, selbstbestimmt zu handeln, sozial eingebunden zu sein und sich bei der Arbeit in der Lernumgebung als erfolgreich erleben. Gerade für dieses Kompetenzerleben ist es aber wichtig, dass Schülerinnen und Schüler für die erfolgreiche Bearbeitung einer Aufgabe oder Teilaufgabe nicht länger als fünf Minuten brauchen, oder in dieser Zeit zumindest eine erfolgsversprechende Lösungsstrategie entwickeln können, da sonst in der Regel frustriert abgebrochen wird. Bezogen auf eine komplexe Problemstellung bedeutet dies, dass sich das Problem für die Lernenden innerhalb von höchstens fünf Minuten in unterschiedlich komplizierte Teilprobleme zerlegen lässt, und diese dann jeweils innerhalb von fünf Minuten erfolgreich bearbeitet werden können. Um dies zu gewährleisten, sind in der Regel geeignete bedarfsgerechte Instruktionen beziehungsweise Hilfen notwendig.

2.6.1 Inhalte und Prozesse

Um der Gefahr entgegenzuwirken, Inhalte des Informatikunterrichts an aktuellen Modetrends auszurichten, die möglicherweise in naher Zukunft bereits keine zentrale Bedeutung mehr haben, wurden in der Fachdidaktik der Informatik zahlreiche Kriterienkataloge zur Bestimmung zentraler Inhalte beziehungsweise Grundkonzepte entwickelt (Zendler und Spannagel 2008). Schwill (1993, 1994) und Schubert und Schwill (2011) bezeichnen diese Grundkonzepte auch als „Fundamentale Ideen der Informatik" und definieren diese als ein Denk-, Handlungs-, Beschreibungs- oder Erklärungsschema bezüglich eines Inhaltsbereichs. Die Autoren haben außerdem die folgenden Kriterien für fundamentale Ideen entwickelt:

Horizontalkriterium:
  Die Idee ist in verschiedenen Inhaltsbereichen der Disziplin erkennbar oder vielfältig anwendbar.
Vertikalkriterium:
  Die Idee lässt sich auf allen intellektuellen Niveaus aufzeigen und vermitteln.
Zielkriterium:
  Die Idee dient der Annäherung an eine idealisierte Zielvorstellung, auch wenn diese möglicherweise nicht erreichbar ist.

Zeitkriterium:
>Die Idee ist in der historischen Entwicklung der Disziplin deutlich wahrnehmbar und bleibt längerfristig relevant.

Sinnkriterium:
>Die Idee hat einen Bezug zur Sprache und Denken des Alltags und der Lebenswelt und ist notwendig für das Verständnis des Faches (Schubert und Schwill 2011).

Auf Basis dieser Kriterien entstanden zahlreiche Vorschläge für fundamentale Ideen, die sich teilweise überschneiden aber auch erhebliche Differenzen aufweisen (Zendler und Spannagel 2008). Aufgrund der Subjektivität und fehlender empirischer Absicherung dieser Kataloge ermittelten Zendler & Spannagel (ebd.) mithilfe einer Expertenbefragung und unter Berücksichtigung des Horizontal-, Vertikal-, Zeit- und Sinnkriteriums empirisch die bedeutsamsten fundamentalen Ideen und bezeichnen diese dann als „zentrale Konzepte". Als Ergebnis konnten sie in ihrer Studie „algorithm", „computer", „data", „problem" und „test" als bedeutsamste zentrale Konzepte identifizieren.

Schaut man zum Vergleich in die Bildungsstandards für Informatik in der Sekundarstufe I (Gesellschaft für Informatik 2008), so findet man auch hier wieder „Algorithmen" als einen von fünf zentralen Inhaltsbereichen. Der Inhaltsbereich „Information und Daten" lässt sich den zentralen Konzepten „data" und „information" zuordnen. Beide Konzepte zählen bei Zendler & Spannagel zum „Winner-Cluster" und damit zu den wichtigen Konzepten, auch wenn „information" im Vertikalkriterium nicht ganz so stark war. Die Konzepte „system", „computer", „software", „hardware" und „network", die ebenfalls zum „Winner-Cluster" gehören, könnte man dem Inhaltsbereich „Informatiksysteme" zuordnen. Der Inhaltsbereich „Sprachen und Automaten" in den Bildungsstandards korrespondiert mit den Konzepten „language" und „automation", wobei letztgenanntes schwache Werte im Horizontal- und Vertikalkriterium aufweist und deshalb nicht mehr zum „Winner-Cluster" dazugerechnet wurde. Nicht unerwähnt sollte bleiben, dass das zentrale Konzept „problem" in alle Inhaltsbereiche der Bildungsstandards für Informatik hineinreicht. Für den hier noch nicht genannten Inhaltsbereich „Informatik, Mensch und Gesellschaft" sind die von Zendler & Spannagel (ebd.) gefundenen zentralen Konzepte als weniger passend einzustufen, da es sich hierbei doch eher um informatische Fachbegriffe als um gesellschaftsrelevante Begrifflichkeiten handelt.

Im Wesentlichen lassen sich also die in den Bildungsstandards der Informatik festgelegten Inhalte als, im Sinne der zentralen Konzepte nach Zendler & Spannagel (ebd.), bedeutsame Inhaltsbereiche identifizieren.

Neben den Inhalten fokussieren die Bildungsstandards für Informatik auch auf die Prozesse, d. h. die Art und Weise, wie mit den Inhalten umgegangen wird (Gesellschaft für Informatik 2008). Im Einzelnen werden dort folgende Prozessbereiche genannt:

„Modellieren und Implementieren", „Begründen und Bewerten", „Strukturieren und Vernetzen", „Kommunizieren und Kooperieren" sowie „Darstellen und Interpretieren".

Dabei geht es nicht nur um den Kompetenzerwerb in Bezug auf fachspezifische Arbeitsweisen, sondern auch um Prozesse, die für das generelle Lernen von Bedeutung sind (ebd.).

Zendler et al. (2008) haben in Anlehnung an die oben dargestellte Inhaltsstudie (Zendler und Spannagel 2008) durch eine Expertenbefragung zentrale Prozesse der Informatik evaluiert.

Vergleicht man die Ergebnisse dieser Studie mit den in den Bildungsstandards beschriebenen Prozessbereichen, fällt auf, dass bei Zendler et al. (2008) eher einzelne Prozesse in den Blick genommen wurden, während in den Bildungsstandards der Informatik grobmaschiger ganze Prozessbereiche genannt und beschrieben werden. Damit ist ein direkter Vergleich nicht mehr so einfach möglich. Dennoch lassen sich auch hier in der Regel die gefundenen zentralen Prozesse bei Zendler et al. (2008) den Prozessbereichen der Bildungsstandards zuordnen. So spielt beispielsweise der in der Studie gefundene bedeutsamste Prozess „problem solving and problem posing" wieder eine zentrale Rolle beim Modellieren und Implementieren.

In einem weiteren Schritt haben Zendler et al. (2008) untersucht, welche Kombinationen aus Inhalts- und Prozesskonzepten besondere Bedeutung im Informatikunterricht haben. Sie fanden dabei unter anderem heraus, dass das Inhaltskonzept „problem" einen besonderen Stellenwert hat, da man damit eine Vielzahl an Prozesskonzepten vermitteln kann. Insbesondere hat dabei das Analysieren von Problemen die höchste Priorität.

Auch die Kombination des Inhaltskonzepts „algorithm" mit den Prozessen „analyzing", „categorizing", „classifying" und „generalizing" scheinen sich der Studie zufolge besonders gut für den Informatikunterricht zu eignen (ebd.).

Brinda et al. (2017) untersuchten mit Hilfe eines Online-Fragebogens Informatikinteresse von Schülerinnen und Schülern der Sekundarstufe I und II. In ihrer Pilotstudie stellten sie unter anderem fest, dass in Bezug auf Inhalte und Prozesse des Informatikunterrichts das

> „Modellieren und Implementieren von Algorithmen und Programmen zur Lösung von Problemen – allein oder in Kooperation mit anderen –, das Verständnis der Funktionsweise von Informatiksystemen sowie die korrekte Verwendung informatischer Fachbegriffe …."
> (ebd., S. 323)

als eher interessant bewertet wurden. Zudem stellten sie fest, dass gesellschaftliche und kulturelle Aspekte weniger von Interesse waren als technische und anwendungsbezogene Aspekte (ebd.).

2.7 Fachübergreifendes Lernen

Ein zentraler Aspekt fachübergreifenden Unterrichts ist die Lebens- und Erfahrungsnähe eines solchen Unterrichts, der in besonderem Maße Authentizität in Bezug auf spätere Anwendungssituationen gewährleistet. Außerdem werden eingeschränkte disziplinäre Sichtweisen des Fachunterrichts aufgebrochen und somit der „Blick auf das Ganze" geöffnet (Späth 2005). Wie oben bereits erwähnt, ist Interdisziplinarität ein wichtiger Grundsatz der Unterrichtsgestaltung im Informatikunterricht (Gesellschaft für Informatik 2008) und im Hinblick auf die Forderung nach multiplen Kontexten und Perspektiven sogar notwendig. Poloczek (2015) sieht zusätzlich im fachübergreifenden beziehungsweise fächerverbindenden Unterricht die Möglichkeit der besonderen Förderung der Persönlichkeitsentwicklung. Die Kombination mit der Projektmethode beziehungsweise mit projektorientiertem Unterricht sei in diesem Zusammenhang besonders sinnvoll (ebd.).

Schubert und Schwill (2011) attestieren dem Schulfach Informatik dann auch eine „Sonderstellung" im Hinblick auf die Interdisziplinarität und begründen dies unter anderem damit, dass zum einen Anwendungsaufgaben zumindest früher meist aus anderen Fächern stammten und zum anderen mit der „Informatisierung" aller Fachgebiete. Insbesondere bieten die MINT-Fächer (Mathematik, Informatik, Naturwissenschaft und Technik) vielfältige Möglichkeiten, auf inhaltlicher und methodischer Ebene fachübergreifend oder fächerverbindend zu arbeiten. Bei Lindner et al. (2017) findet man eine Übersicht über inhaltliche Verknüpfungspunkte der Bildungsstandards Informatik mit den Bildungsstandards der Fächer Mathematik, Biologie, Chemie und Physik der Sekundarstufe I.

2.8 Bezüge zum Technikunterricht der Sekundarstufe I

Wir sehen enge inhaltliche Verknüpfungen zum Fach Technik. So gibt es vielfältige und enge inhaltliche Beziehungen zwischen der „Technischen Informatik" als Teilgebiet der Informatik und dem Problem- und Handlungsfeld „Information und Kommunikation" (VDI 2004; Schmayl 2013) des Schulfachs Technik. So schreibt der VDI (2004) in seinen Bildungsstandards im Fach Technik für den mittleren Bildungsabschluss:

> „Dem Technikunterricht fällt die Aufgabe zu, dem Schüler die technische Realisierung der Generierung, der Verknüpfung, Übertragung, Speicherung und Vervielfältigung von Information und den Einsatz der Informationstechnik bei der Steuer- und Regeltechnik altersgemäß zu vermitteln". (ebd, S. 15)

Auch die Beschreibung konkreter Beispiele für die zielgerichtete Verknüpfung und Speicherung von Daten nach vorgegebenen Programmen wird als zu vermittelnde Kompetenz im Handlungsfeld „Information und Kommunikation" angegeben (ebd.). Konkrete Inhalte lassen sich bei Radermacher (2011) finden, der in Bezug auf fächerübergreifenden Unterricht die Sachsysteme Automaten, Transistor, Computer, Alarmsysteme, Mikrocontroller, Digitaltechnik, Software, EVA-Prinzip, elektr. Bauelemente, LED, Antriebe und Steuern und Regeln als Grundlage erfolgreicher Unterrichtskonzepte nennt.

Modrow und Strecker (2016) sehen die Schulinformatik als technisches Fach, das zur Allgemeinbildung der Schülerinnen und Schüler beitragen kann, wenn im Unterricht die Informationstechnik in alltäglichen Anwendungen sichtbar gemacht wird. Konkret nennen sie in diesem Zusammenhang die Programmierung von Sensoren und Aktoren in technischen Systemen (ebd.). Auch hier wird die inhaltliche Nähe zum allgemeinbildenden Technikunterricht deutlich.

2.9 Projektunterricht

Eine Möglichkeit, fachübergreifendes Lernen methodisch zu organisieren, ist der Projektunterricht (Frey 2002; Bastian und Gudjons 1994; Gudjons 2001), der im Informatikunterricht eine besondere Rolle spielt (Schubert und Schwill 2011). So ist unter anderem die Projektmethode durch Merkmale geprägt, die sich in den Kriterien für problemorientierte und anwendungsbezogene Lernumgebungen und den oben aufgeführten Motivationsaspekten widerspiegeln. Beispielsweise findet man hier den Situations- und Lebensweltbezug, die Orientierung an den Interessen der Lernenden, die Selbstorganisation und -verantwortung sowie das soziale Lernen. Aber auch weitere Merkmale der Projektmethode, wie die gesellschaftliche Praxisrelevanz, die zielgerichtete Planung, die Produktorientierung und das Einbeziehen vieler Sinne werden angeführt (ebd.). Sind nicht alle Merkmale im Unterricht erfüllt, aber dennoch Ansätze realisiert, so spricht man von projektorientiertem Unterricht (ebd.).

Poloczek (2015) bezeichnet die Synthese von projektorientiertem und fächerübergreifendem Unterricht dann auch als konstruktive Idee, um die Vorteile beider Modelle zu vereinen.

Auch in der Technikdidaktik wird der Projektmethode großes Potenzial als interdisziplinäres Verfahren eingeräumt (Wilkening 1977). Im Einklang mit den oben beschriebenen Kriterien ist nach Wilkening (ebd.) die Bearbeitung von fächerübergreifenden Aufgabenstellungen und handlungsorientierten Lernprozessen charakteristisch für die Projektmethode. Wilkening (ebd.) beschreibt für die Projektmethode die folgenden vier Verlaufsphasen:

1. **Entscheidungsphase:**
   Die Schülerinnen- und Schülerinteressen werden ermittelt und es wird über das Projektthema entschieden.
2. **Planungsphase:**
   Der Projektablauf wird geplant.
3. **Durchführungsphase:**
   Informationsbeschaffung und -auswertung, Anwendung der Informationen für die Fertigung in Gruppenarbeit.
4. **Auswertungsphase:**
   Kritische Rückbesinnung über Projektverlauf und -erfolg.

Für die Wahl eines geeigneten Projektthemas empfiehlt sich laut Wilkening (ebd.) das Festlegen eines einheitlichen Bezugsrahmens. Dabei kann die Auswahl eines Projektthemas, neben den persönlichen Interessen der Schülerinnen und Schüler, an zusätzliche Anforderungen gebunden werden. Somit sind nicht alle Schülerinnen- und Schülerinteressen automatisch für die Auswahl eines Themas relevant. Mit Hilfe von Mindestanforderungen als Rahmenbedingung kann verhindert werden, dass sich Schülerinnen und Schüler lediglich sehr einfache und relativ anspruchslose Projektaufgaben stellen.

Bei Schubert und Schwill (2011) finden sich zwei Vorschläge, auf welche Art und Weise die Lernenden in die Themenwahl mit eingebunden werden können.

1. Die Lehrkraft gibt verschiedene Themen zur Auswahl. Die Themenvorschläge bestehen dabei jeweils aus mindestens einer Aufgabenstellung und den dazugehörigen Abgabeterminen. Die Schülerinnen und Schüler einigen sich untereinander, welche Projektaufgabe sie auswählen.
2. In einem Brainstorming schlagen die Schülerinnen und Schüler eigene Ideen für Projekte vor. Unter Beteiligung der Lehrkraft entscheiden sich daraufhin die Lernenden für eine Projektaufgabe.

Vorschlag (2) wird dabei erst für die Klassen der Sekundarstufe II empfohlen (ebd.).

2.10 Anfangsunterricht

Nach Schubert und Schwill (2011) hat der Informatik-Anfangsunterricht die Aufgabe, ein reduziertes, unverfälschtes und abgerundetes Bild der Informatik zu vermitteln und eine Grundlage zu schaffen, die eine Vorschau auf vertiefende Inhalte ermöglicht. Bezugnehmend auf Körber und Peters (1995) sollten die Inhalte des Anfangsunterrichts unter anderem

- typische Anwendungsfälle für den Einsatz von Informatiksystemen behandeln,
- offene komplexe und mehrschrittig lösbare Probleme thematisieren,
- konstruktive Möglichkeiten der Eigengestaltung von Informatiksystemen bieten und
- Aspekte im Bereich erfahrbarer Realität in gesellschaftlichen Bereichen thematisieren.

Schubert und Schwill (ebd.) stellen für den Anfangsunterricht verschiedene Zugangsmöglichkeiten vor. Beim **programmiersprachlichen Zugang** geht es um das strukturierte und systematische Erlernen einer objektorientierten Programmiersprache anhand einfacher fiktiver Problemstellungen. Beim **systemanalytischen Zugang** erschließen sich die Schülerinnen und Schüler top-down-orientiert ein komplexes Softwaresystem. Der **Zugang über Lernumgebungen** bedient sich meist objektorientierten Entwicklungsumgebungen, die einen stufenweisen Einstieg in die Programmierung realisieren und die Möglichkeit bieten, mit nur geringen Kenntnissen relativ leistungsfähige Produkte zu konstruieren. Der **projektorientierte fächerübergreifende Zugang** ermöglicht die Umsetzung eines umfangreichen Projekts, das an die Erlebnis- und Erfahrungswelt der Schülerinnen und Schüler anknüpft (ebd.).

2.11 Informatiklabor

„Informatikunterricht ohne Informatiklabor ist wie Schwimmunterricht ohne Schwimmbecken möglich, aber nicht empfehlenswert". (Schubert und Schwill 2011, S. 188)

Mit diesem anschaulichen Vergleich verdeutlichen Schubert und Schwill (ebd.) die große Bedeutung eines Informatiklabors für den Informatikunterricht. Sie bezeichnen ein solches Labor dann auch als Lehr-Lern-Umgebung. Da wir den Begriff Lernumgebung eher weit umfassend als Gesamtarrangement verstehen, das alle möglichen Komponenten enthält, die für den Lernprozess der Lernenden von Bedeutung sind (siehe Kap. 1), sehen wir in einem Informatiklabor nur den struktur-räumlichen Aspekt oder auch Infrastrukturaspekt unserer Lernumgebung. Unabhängig von den verwendeten Begrifflichkeiten ist ein sinnvoll gestaltetes Informatiklabor sehr nützlich, um die Rahmenbedingungen zu erfüllen, die den Anforderungen eines guten Informatikunterrichts genügen.

Schubert und Schwill (2011) empfehlen, das Informatiklabor in drei Bereiche aufzuteilen. Während der Demonstrationsbereich der Lehrkraft im vorderen Bereich angesiedelt ist, gibt es einen zentralen Kommunikationsbereich und einen dezentralen Experimentierplatz. Am zentralen Kommunikationsbereich stehen keine Bildschirme, da diese eine Barriere für die Face-to-Face-Kommunikation darstellen. Dabei sollte gewährleistet sein, dass mit nur einer Stuhldrehung zwischen den beiden Bereichen schnell gewechselt werden kann. Dadurch kann man im Unterricht ohne große Zeit- und Konzentrationsverluste zwischen planenden, diskutierenden Lernphasen (im zentralen Kommunikationsbereich) und realisierenden, experimentellen Lernphasen (im dezentralen Experimentierplatz) wechseln. Ebenso sei ein benachbarter Vorbereitungsraum mit entsprechenden Arbeitsplätzen für die Lehrkräfte notwendig (ebd.).

2.12 Konzeption der MicroBerry-Lernumgebung

Wir haben uns zum Ziel gesetzt, eine Lernumgebung zu konzipieren, die im Anfangsunterricht der Informatik den Inhaltsbereich „Grundlagen von Algorithmen" zum Lerngegenstand hat und dabei den Lernenden ein hohes Maß an Motivationspotenzial bietet. Die oben dargestellten Zusammenhänge legen nahe, dass sich eine Lernumgebung, bei denen Schülerinnen und Schüler die Möglichkeit haben, aktiv problem- und anwendungsorientierte Aufgaben zu bearbeiten, hierfür besonders gut eignet. Außerdem haben wir damit unter anderem auch die Möglichkeit, die zentrale Prozesskompetenz „problem solving und problem posing" an den Inhaltsbereich zu knüpfen. In einer konstruktivistisch geprägten problemorientierten Lernumgebung ist die Forderung nach Authentizität in multiplen Kontexten und Perspektiven von großer Bedeutung. Dies lässt sich, wie oben beschrieben, besonders gut im fächerübergreifenden oder fächerverbindenden Unterricht gewährleisten. An dieser Stelle kommt die Technische Informatik beziehungsweise Informationstechnik mit ins Spiel. Wir sehen in der Steuerung von elektronischen Bauelementen (einfache Sensoren und Aktoren) durch selbst erstellte Programme eine ideale Möglichkeit, Schülerinnen und Schüler auf ganz konkreter Ebene zum handelnden Umgang mit dem Lerngegenstand zu animieren. Gleichzeitig werden Zusammenhänge von Soft- und Hardware exemplarisch greif- und erfassbar und damit die Authentizität im Sinne eines Alltags- und Lebensweltbezugs erfahrbar.

Auf methodischer Ebene ist ein projektorientierter Unterricht sicherlich hervorragend geeignet, die Kriterien einer konstruktivistisch geprägten und problemorientierten Lernumgebung zu erfüllen. Voraussetzung hierfür ist allerdings die Verfügbarkeit grundlegender Fachinhalte und Prozesse. Da ein Projekt auch immer fachübergreifend ist, beschränkt sich dies nicht nur auf die informatischen Inhalte, sondern tangiert auch die für das Projekt benötigten fachübergreifenden Inhalte. Es sind also zunächst solide Grundlagen zu erarbeiten, bevor man ein Projekt erfolgreich bewältigen kann. Deshalb haben wir unsere Lernumgebung so gestaltet, dass sich die Schülerinnen und Schüler zunächst über problem- und anwendungsorientierte Aufgaben die notwendigen Grundlagen zum Themenbereich Algorithmen erarbeiten, um diese später dann in einer projektorientierten Phase gezielt anwenden und auch vertiefen zu können.

Damit nutzen wir im Anfangsunterricht den Zugang über eine Lernumgebung als zentrales Informatiksystem und kombinieren diesen mit dem programmiersprachlichen und vor allem projektorientierten und fächerübergreifenden Zugang (Abb. 2.3).

Da der soziale Kontext ebenfalls ein wichtiges Puzzleteil im Lernprozess darstellt und die erlebte soziale Eingebundenheit Grundvoraussetzung für motiviertes Handeln ist, sollen die Schülerinnen und Schüler die Möglichkeit haben, in der MicroBerry-Lernumgebung gemeinsam beziehungsweise zumindest in Partnerarbeit zu agieren.

Als zentrale Medien in unserer Lernumgebung nutzen wir den Mikrocontroller Raspberry Pi mit der Zusatzplatine Explorer HAT Pro in Verbindung mit elektronischen

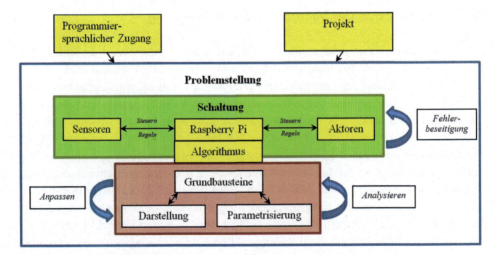

Abb. 2.3 Konzeption der Lernumgebung: inhaltliche und methodische Vernetzung

Bauelementen, die über die GPIO-Schnittstelle des Raspberry Pi angesteuert werden. Alle Hardwarematerialien werden den Schülerinnen und Schülern in einem übersichtlichen Sortimentskasten (Baukastenprinzip) angeboten. Der Raspberry Pi dient dabei nicht nur als Programmierumgebung und Schnittstelle zur Außenwelt, sondern auch als Kommunikationsplattform in einem vernetzten Lernsystem. Dies hat den Vorteil, dass die Programme der Schülerinnen und Schüler zentral gespeichert und allen zugänglich gemacht werden können oder auch, dass einzelne Schülerinnen und Schüler die Möglichkeit haben, schnell und unproblematisch selbst erstellte Programme vom eigenen Rechner aus zum Beispiel auf einem Beamer zu präsentieren und mit der Lerngruppe zu diskutieren.

Im nächsten Kapitel stellen wir die Komponenten unserer Lernumgebung näher vor. Wir gehen dabei auf die Gestaltung des Unterrichtsraums als Informatiklabor ein, mit der wir gute Erfahrungen gemacht haben. Außerdem stellen wir unseren Sortimentskasten vor und gehen ausführlich auf Hard- und Software des Raspberry Pi und die Konfiguration des Kommunikations-Netzwerks ein. Auch die zusätzlich von uns verwendete Aufsatzplatine Explorer HAT Pro wird beschrieben.

Literatur

Aufschnaiter, C.v.: Bedeutungsentwicklungen, Interaktionen und situatives Erleben beim Bearbeiten physikalischer Aufgaben: Fallstudien zu Bedeutungsentwicklungsprozessen von Studierenden und Schüler(inne)n in einer Feld- und Laboruntersuchung zum Themengebiet Elektrostatik und Elektrodynamik. In: Niederer, H., Fischler, H. (Hrsg.) Studien zum Physiklernen, Bd. 3. Logos, Berlin (1999)

Aufschnaiter, S.v.: Versuch der Beschreibung eines theoretischen Rahmens für die Untersuchung von Lernprozessen. In: Schriftenreihe der Forschergruppe „Interdisziplinäre Kognitionsforschung" der Universitäten Bremen und Oldenburg, Band II, Bedeutungsentwicklung und Lernen, S. 109–123. Universität Bremen, Bremen (1992)

Aufschnaiter, S.v.: Konstruktivistische Perspektiven zum Physikunterricht. Pädagogik. **7/8**, 52–57 (1998)

Aufschnaiter, S.v.: Wissensentwicklung und Lernen am Beispiel Physikunterricht. In: Meixner, J., Müller, K. (Hrsg.) Konstruktivistische Schulpraxis. Beispiele für den Unterricht, S. 249–271. Luchterhand, Neuwied/Kriftel (2001)

Aufschnaiter, C.v., Aufschnaiter, S.v.: Theoretical framework and empirical evidence on students' cognitive processes in three dimensions of content, complexity, and time. J. Res. Sci. Teach. **40**(7), 616–648 (2003)

Aufschnaiter, S.v., Welzel, M.: Wissensvermittlung durch Wissensentwicklung: Das Bremer Komplexitätsmodell zur quantitativen Beschreibung von Bedeutungsentwicklung und Lernen. Z. Didakt. Naturwiss. **3**(2), 43–58 (1997)

Aufschnaiter, S.v., Welzel, M.: Komplexitätsanalyse als Instrument der Unterrichtsplanung. In: Zur Didaktik der Physik und Chemie: Probleme und Perspektiven, S. 325–327. Leuchtturm, Alsbach/Bergstraße (1998)

Aufschnaiter, S.v., Aufschnaiter, C.v., Schoster, A.: Zur Dynamik von Bedeutungsentwicklungen unterschiedlicher Schüler(innen) bei der Bearbeitung derselben Physikaufgaben. Z. Didakt. Naturwiss. **6**, 37–57 (2000)

Bandura, A.: Self-efficacy: toward a unifying theory of behavioral change. Psychol. Rev. **84**, 191–215 (1977)
Bandura, A.: Social cognitive theory. Annu. Rev. Psychol. **52**, 1–26 (2001)
Barbeite, F.G., Weiss, E.M.: Computer self-efficacy and anxiety scales for an internet sample: testing measurement equivalence of existing measures and development of new scales. Comput. Hum. Behav. **20**, 1–15 (2004)
Bastian, J., Gudjons, H. (Hrsg.): Das Projektbuch, Bd. 1, 4. Aufl. Theorie – Praxisbeispiele – Erfahrungen. Bergmann + Helbig, Hamburg (1994)
Brinda, T., Tobinski, D., Schwinem, S.: Schülerinteresse an Informatik und Informatikunterricht. In: Diethelm, I. (Hrsg.) Informatische Bildung zum Verstehen und Gestalten der digitalen Welt. 17. GI-Fachtagung Informatik und Schule, S. 321–324 (2017). http://www.infos2017.de/. Zugegriffen am 12.03.2018
Buchholtz, C.: Neue Medien: neues Lernen – neues Handeln: eine explorative Studie zur Veränderung unterrichtlicher Handlungsmuster von Lehrpersonen zum Lehren und Lernen mit neuen Medien. Deutsche Nationalbibliothek. http://nbn-resolving.de/urn:nbn:de:kobv:11-100177230 (2010). Zugegriffen am 03.04.2018
Cassidy, S., Eachus, P.: Developing the computer user self-efficacy (CUSE) scale: investigating the relationship between computer self-efficacy, gender and experience with computers. J. Educ. Comput. Res. **26**(2), 133–153 (2002)
Clancey, W.: Situated action: a neuropsychological interpretation. Response to Vera and Simon. Cognit. Sci. **17**, 87–116 (1993)
Csikszentmihalyi, M., Schiefele, U.: Die Qualität des Erlebens und der Prozeß des Lernens. Z. Pädag. **39**(2), 207–221 (1993)
Deci, E.L., Ryan, R.M.: Intrinsic motivation and self-determination in human behaviour. Plenum Press, New York (1985)
Deci, E.L., Ryan, R.M.: Die Selbstbestimmungstheorie der Motivation und ihre Bedeutung für die Pädagogik. Z. Pädag. **39**, 223–228 (1993)
Deci, E.L., Ryan, R.M.: Handbook of self-determination research. University of Rochester Press, Rochester (2002)
Diethelm, I. (Hrsg.): Informatische Bildung zum Verstehen und Gestalten der digitalen Welt. 17. GI-Fachtagung Informatik und Schule. http://www.infos2017.de/ (2017). Zugegriffen am 12.03.2018
Dubs, R.: Konstruktivismus: Einige Überlegungen aus der Sicht der Unterrichtsgestaltung. Z. Pädag. **41**(6), 889–903 (1995)
Fischer, H.E.: Lernprozesse im Physikunterricht. Falluntersuchungen im Unterricht zur Elektrostatik aus konstruktivistischer Sicht. Diss. Universität Bremen (1989)
Foerster, H.v.: Entdecken oder Erfinden, Wie lässt sich Verstehen verstehen? In: Gumin, H., Meier, H. (Hrsg.) Einführung in den Konstruktivismus, Bd. 5, München (1992)
Foerster, H.v.: Erkenntnistheorien und Selbstorganisation. In: Schmidt, S.J. (Hrsg.) Der Diskurs des Radikalen Konstruktivismus, S. 133–158. Suhrkamp, Frankfurt a. M. (1994)
Foerster, H.v.: Einführung in den Konstruktivismus. Piper, München, Zürich (2002)
Frey, Karl (2002). Die Projektmethode, 9. Aufl. Weinheim: Beltz.
Gerstenmaier, J., Mandl, H.: Wissenserwerb unter konstruktivistischer Perspektive. Z. Pädag. **41**(6), 867–888 (1995)
Gesellschaft für Informatik e.V. (Hrsg.).: Grundsätze und Standards für die Informatik in der Schule. Bildungsstandards Informatik für die Sekundarstufe I. Beilage zu LOG IN **28**(Heft Nr. 150/151) (2008)
Gesellschaft für Informatik e.V. (Hrsg.).: Bildungsstandards Informatik für die Sekundarstufe II. Beilage zu LOG IN **36**(Heft Nr. 183/184) (2016)

Glasersfeld, E.v.: Piagets konstruktivistisches Modell: Wissen und Lernen. In: Rusch, G.v., Schmidt, S.J. (Hrsg.) Piaget und der Radikale Konstruktivismus, S. 16–42. Suhrkamp, Frankfurt a. M. (1994)

Glasersfeld, E.v.: Radical Constructivism: A Way of Learning and Knowing. Falmer Press, London (1995)

Glasersfeld, E.v.: Radikaler Konstruktivismus. Ideen, Ergebnisse, Probleme. Suhrkamp, Frankfurt (1998)

Greeno, J.G.: The situation in cognitive theory: some methodological implications of situativity. Paper presented at the Meeting of the American Psychological Society. San Diego (1992)

Gudjons, H.: Handlungsorientiert lehren und lernen, Projektunterricht und Schüleraktivität, 6. Aufl. Klinkhardt, Bad Heilbrunn (2001)

Heckhausen, H.: Perspektiven einer Psychologie des Wollens. In: Heckhausen, H., Gollwitzer, P.M., Weinert, F.E. (Hrsg.) Jenseits des Rubikon, S. 121–142. Springer, Berlin (1987)

Heckhausen, H.: Motivation und Handeln. Springer, Berlin (1989)

Hense, J., Mandl, H., Gräsel, C.: Problemorientiertes Lernen. Warum der Unterricht mit neuen Medien mehr sein muss als Unterrichten mit neuen Medien. Comput. Unterr. **44**, 6–11 (2001)

Hubwieser, P. (2007). Didaktik der Informatik, 3. Aufl. Berlin/Heidelberg: Springer.

Humbert, L. (2006). Didaktik der Informatik, 2. Aufl. Wiesbaden: Teubner.

Kohlmann, C.-W., Eschenbeck, H., Heim-Dreger, U., Albrecht, H., Hole, V., Weber, A.: Entwicklung und Validierung einer Skala zur Erfassung computerbezogener Selbstwirksamkeitserwartungen (SWE-C). In: Renner, K.-H., Schütz, A., Machilek, F. (Hrsg.) Internet und Persönlichkeit, S. 11–23. Hogrefe, Göttingen (2005)

Körber, B., Peters, I.-R.: Die Kurszeitung – Ein Einstieg in die informatische Bildung. LOG IN. **15**(1), 17–21 (1995)

Krapp, A.: Entwicklung und Förderung von Interessen im Unterricht. In: Psychologie in Erziehung und Unterricht, 44, S. 185–201. Ernst Reinhardt, München/Basel (1998)

Krapp, A.: Intrinsische Lernmotivation und Interesse: Forschungsansätze und konzeptuelle Überlegungen. Z. Pädag. **45**(3), 387–406 (1999)

Krapp, A.: Die Bedeutung der Lernmotivation für die Optimierung des schulischen Bildungssystems. Polit. Stud. **54**(Sonderheft 3), 91–105 (2003)

Krapp, A.: Basic needs and the development of interest and intrinsic motivational orientations. Learn. Instr. **15**, 381–395 (2005)

Krapp, A., Hascher, T.: Theorien der Lern- und Leistungsmotivation. In: Ahnert, L. (Hrsg.) Theorien in der Entwicklungspsychologie, S. 252–281. Springer, Berlin/Heidelberg (2014)

Krapp, A., Prenzel, M.: Research on interest in science: theories, methods, and findings. Int. J. Sci. Educ. **33**(1), 27–50 (2011)

Krapp, A., Ryan, R.M.: Selbstwirksamkeit und Lernmotivation: Eine kitische Betrachtung der Theorie von Bandura aus der Sicht der Selbstbestimmungstheorie und der pädagogisch-psychologischen Interessentheorie. In: Selbstwirksamkeit und Motivationsprozesse in Bildungsinstitutionen. Zeitschrift für Pädagogik. Beiheft 44, S. 54–82. Beltz, Weinheim (2002)

Lewalter, D., Krapp, A., Schreyer, I., Wild, K.-P.: Die Bedeutsamkeit des Erlebens von Kompetenz, Autonomie und sozialer Eingebundenheit für die Entwicklung berufsspezifischer Interessen. In: Zeitschrift für Berufs- und Wirtschaftspädagogik, Beiheft Nr. 14, S. 143–168. Steiner, Stuttgart (1998)

Lindner, M., Schulz, S., Pinkwart, N.: Integration des Erwerbs von Basiskonzepten der Informatik in den mathematisch-naturwissenschaftlichen Unterricht der Sekundarstufe I. In: Diethelm, I. (Hrsg.) Informatische Bildung zum Verstehen und gestalten der digitalen Welt. 17. GI-Fachtagung Informatik und Schule. http://www.infos2017.de/ (2017). S. 277–286. Zugegriffen am 20.02.2018

Mandl, H., Gruber, H., Renkl, A.: Situiertes Lernen in multimedialen Lernumgebungen. In: Issing, J., Klimsa, P. (Hrsg.) Information und Lernen mit Multimedia und Internet, S. 139–148. Weinheim, Beltz (2002)

Mayer, H.: Unterrichtsqualität in der digitalen Welt. In: Diethelm, I. (Hrsg.) Informatische Bildung zum Verstehen und gestalten der digitalen Welt. 17. GI-Fachtagung Informatik und Schule. http://www.infos2017.de/ (2017). Zugegriffen am 20.02.2018

Ministerium für Kultus, Jugend und Sport Baden Württemberg.: Land baut Informatikunterricht an weiterführenden Schulen aus. https://www.baden-wuerttemberg.de/de/service/presse/pressemitteilung/pid/land-baut-informatikunterricht-an-weiterfuehrenden-schulen-aus/ (2017). Zugegriffen am 12.03.2018

Mittag, W., Kleine, D., Jerusalem, M.: Evaluation der schulbezogenen Selbstwirksamkeit von Sekundarschülern. In: Selbstwirksamkeit und Motivationsprozesse in Bildungsinstitutionen. Zeitschrift für Pädagogik. Beiheft 44, S. 145–173. Beltz, Weinheim (2002)

Modrow, E., Strecker, K.: Didaktik der Informatik. de Gruyter Oldenbourg, Berlin/Boston (2016)

Müller, C.T.: Subjektive Theorien und handlungsleitende Kognitionen von Lehrern als Determinanten schulischer Lehr-Lern-Prozesse im Physikunterricht. In: Niederer, H., Fischler, H. (Hrsg.) Studien zum Physiklernen, Bd. 33. Logos, Berlin (2004)

NCTM – National Council of Teachers of Mathematics.: Principles and Standards for School Mathematics. Reston (VA, USA): NCTM. http://standards.nctm.org/ (2000). Zugegriffen am 20.03.2018

Poloczek, J.: Fächerverbindende Projekte im Unterricht. In LOG IN. Informatis. Bild. Comput. Sch. **181/182**, 71–76 (2015)

Pöppel, E.: Zeitlose Zeiten: Das Gehirn als paradoxe Zeitmaschine. In: Meier, H. & Ploog, D. (Hrsg.) Der Mensch und sein Gehirn. Die Folgen der Evolution, S. 67–97. München (1997)

Prenzel, M., Drechsel, B.: Ein Jahr kaufmännische Erstausbildung: Veränderungen in Lernmotivation und Interesse. Unterrichtswissenschaft. **24**(3), 217–234 (1996)

Prenzel, M., Eitel, F., Holzbach, R., Schoenheinz, R.-J., Schweiberer, L.: Lernmotivation im studentischen Unterricht in der Chirurgie. Z. Pädag. Psychol. **7**, 125–137 (1993)

Prenzel, M., Kristen, A., Dengler, P., Ettle, R., Beer, T.: Selbstbestimmt motiviertes und interessiertes Lernen in der kaufmännischen Erstausbildung. In: Beck, K., Heid, H. (Hrsg.) Lehr-Lern-Prozesse in der kaufmännischen Erstausbildung: Wissenserwerb, Motivierungsgeschehen und Handlungskompetenzen. Zeitschrift für Berufs-und Wirtschaftspädagogik, Beiheft 13, S. 108–127. Steiner, Stuttgart (1996)

Radermacher, M.: Inhaltsfelder und Themen zeitgemäßen Technikunterrichts aus schulpraktischer Sicht. Ein integratives, praxisorientiertes Strukturmodell. In: Deutsche Gesellschaft für Technische Bildung e.V (Hrsg.) Inhaltsfelder und Themen zeitgemäßen Technikunterrichts, S. 37–51, Offenbach (2011)

Rakoczy, K.: Motivationsunterstützung im Mathematikunterricht: Unterricht aus der Perspektive von Lernenden und Beobachtern. Waxmann (2008)

Ramseier, E.: Motivation als Ergebnis und als Determinante schulischen Lernens: Eine Analyse im Rahmen von TIMSS. Dissertation. Universität Zürich. http://www.forschungsnetzwerk.at/downloadpub/motivation_als_ergebnis.pdf (2004). Zugegriffen am 20.03.2018

Reinmann-Rothmeier, G., Mandl, H.: Wissensvermittlung: Ansätze zur Förderung des Wissenserwerbs, Forschungsbericht Nr. 34. Ludwig-Maximilians-Universität, München (1994)

Reinmann-Rothmeier, G., Mandl, H.: Unterrichten und Lernumgebungen gestalten. In: Krapp, A., Weidenmann, B. (Hrsg.) Pädagogische Psychologie, S. 601–646. Beltz, Weinheim (2001)

Renninger, K.A., Hoffmann, L., Krapp, A.: Interest an gender: issues of developement and learning. In: Hoffmann, L., Krapp, A., Renninger, K.A., Baumert, J. (Hrsg.) Interest and Learning, S. 9–24. Institut für die Pädagogik der Naturwissenschaften, Kiel (1998)

Rheinberg, F.: Lernmotivation. In: Sarges, W., Fricke, R. (Hrsg.) Psychologie für die Erwachsenenbildung, S. 360–365. Hogrefe, Göttingen (1986)
Rheinberg, F.: Motivation. Kohlhammer, Stuttgart/Berlin/Köln (1997)
Rheinberg, F., Fries, S.: Förderung der Lernmotivation: Ansatzpunkte, Strategien und Effekte. In: Psychologie in Erziehung und Unterricht, Bd. 44, S. 168–184. München/Basel, Ernst Reinhardt (1998)
Roth, G.: Das Gehirn und seine Wirklichkeit. Kognitive Neurobiologie und ihre philosophischen Konsequenzen. Suhrkamp, Frankfurt a. M. (1997)
Roth, G., Prinz, W.: Kopf-Arbeit: Gehirnfunktion und kognitive Leistungen. Springer, Heidelberg/Berlin/Oxford (1996)
Roth, W.-M.: Situated cognition. In: Duit, R., Rhöneck, C.v. (Hrsg.) Lernen in den Naturwissenschaften, S. 163–179. IPN, Kiel (1996)
Roth, W.-M., McGinn, M.K.: Deinstitutionalizing school science: implications of a strong view of situated cognition. Res. Sci. Educ. 27, 497–513 (1997)
Ryan, R.M., Deci, E.L.: Self-determination theory and the facilitation of intrinsic motivation, social development, and well-being. Am. Psychol. 55(1), 68–78 (2000)
Schiefele, U.: Motivation und Lernen mit Texten. Hogrefe, Göttingen (1996)
Schiefele, U., Schaffner, E.: Motivation. In: Wild, E., Möller, J. (Hrsg.) Pädagogische Psychologie, S. 153–175. Springer, Heidelberg (2015)
Schmayl, W.: Didaktik allgemeinbildenden Technikunterrichts. Schneider-Verlag Hohengehren, Baltmannsweiler (2013)
Schnirch, A.: Gendergerechte Interessen- und Motivationsförderung im Kontext naturwissenschaftlicher Grundbildung. Konzeption, Entwicklung und Evaluation einer multimedial unterstützten Lernumgebung. In: Niederer, H., Fischler, H., Sumfleth, E. (Hrsg.) Studien zum Physik- und Chemielernen, Bd. 54. Logos, Berlin (2006)
Schnirch, A., Spannagel, C.: Geometrie-Wiki: Prozessorientierte Unterstützung von Geometrievorlesungen. In: Reiss, K. (Hrsg.) Beiträge zum Mathematikunterricht 2011, S. 735–738. WTM, Münster (2011)
Schnirch, A., Gieding, M., Spannagel, C.: WEB-2-GEOMETRY: ein vorlesungsbegleitendes Geometrie-Wiki. Tagungsband der AK MUI Tagung (2011).
Schubert, S.; Schwill, A. Didaktik der Informatik, 2. Aufl. Spektrum Akademischer, Heidelberg (2011)
Schwarzer, R., Jerusalem, M.: Das Konzept der Selbstwirksamkeit. In: Selbstwirksamkeit und Motivationsprozesse in Bildungsinstitutionen. Zeitschrift für Pädagogik. Beiheft 44, S. 28–53. Beltz, Weinheim (2002)
Schwill, A.: Fundamentale Ideen der Informatik. Zentralbl. Didakt. Math. 25(1), 20–31 (1993)
Schwill, A.: Fundamental ideas of computer science. Bull. EATCS. 53, 274–295 (1994)
Spannagel, C., Bescherer, C.: Computerbezogene Selbstwirksamkeitserwartung in Lehrveranstaltungen mit Computernutzung. Notes Educ. Info. Sect. A Concepts and Tech. 5(1), 23–43 (2009)
Späth, M.: Kontextbedingungen für Physikunterricht an der Hauptschule – Möglichkeiten und Ansatzpunkte für einen fachübergreifenden, handlungsorientierten und berufsorientierten Unterricht. In: Niederer, H., Fischler, H., Sumfleth, E. (Hrsg.) Studien zum Physik- und Chemielernen, Bd. 39. Logos, Berlin (2005)
Tulodziecki, G.: Digitale Medien in einem problem- und fallorientierten Unterricht. In: Dieckmann, B., Stadtfeld, P. (Hrsg.) Allgemeine Didaktik im Wandel, S. 235–251. Klinkhardt, Bad Heilbrunn (2005)
VDI – Verein Deutscher Ingenieure e.V.: Bildungsstandards im Fach Technik für den mittleren Schulabschluss. Düsseldorf. http://www.sn.schule.de/~nw/tc/files/bildungsstandards-technik (2004). Zugegriffen am 24.09.2018

Welzel, M.: Investigations of individual learning processes – a research program with its theoretical framework and research design. In: Proceedings of the 3rd European Summerschool. Theory and Methodology of Research in Science Education, S. 76–84. UAB and ESERA, Barcelona (1997)

Wilkening, F.: Unterrichtsverfahren im Lernbereich Arbeit und Technik. Maier, Ravensburg (1977)

Zendler, A., Spannagel, C.: Empirical foundation of central concepts for computer science education. J. Educ. Resour. Comput. **8**(2), Art. No. 6 (2008)

Zendler, A., Spannagel, C., Klaudt, D.: Process as content in computer science education: empirical determination of central processes. Comput. Sci. Educ. **18**(4), 231–245 (2008)

Die MicroBerry-Lernumgebung 3

> **Zusammenfassung**
>
> In diesem Kapitel wird die MicroBerry-Lernumgebung detailliert beschrieben. Zunächst werden die Rahmenbedingungen und die einzelnen Hardwarekomponenten der Lernumgebung erläutert. Dazu zählen der mögliche Aufbau des Klassenraums, die verwendeten Sortimentskästen sowie die Beschreibung des Raspberry Pi und der verwendeten Zusatzplatine Explorer HAT Pro, bis hin zum Hardwareaufbau eines Netzwerks. Im Weiteren wird die verwendete Software beschrieben. Man erfährt dabei viele Details über die Installation und Konfiguration des Betriebssystems, der Erstellung und Verwendung einer Image-Datei, sowie des Einrichtens eines Kommunikationsnetzwerkes über VNC. Außerdem werden wichtige Grundlagen zu den Programmiersprachen Scratch und Python dargestellt und erläutert. Auch das Programm „Dia", das wir zur Erstellung von Flussdiagrammen nutzen, wird beschrieben.

Die nun folgende Beschreibung der MicroBerry-Lernumgebung ist als Empfehlung zu verstehen, mit der wir gute Erfahrungen gesammelt haben. Sicherlich gibt es in Abhängigkeit der zur Verfügung stehenden Ressourcen vor Ort vielfältige Möglichkeiten, hiervon abzuweichen und andere Wege zu gehen. Insbesondere in der Ausgestaltung des Informatiklabors, der Entscheidung für oder gegen ein Netzwerk, der Verwendung und Bestückung des Sortimentskastens, aber auch in der Auswahl des Betriebssystems oder der Verwendung der Aufsatzplatine steckt Variationspotenzial.

Wir sehen in diesen vielfältigen Möglichkeiten eine große Stärke, aber auch die Gefahr der Orientierungslosigkeit und damit einer Einstiegshürde, der wir durch unsere Empfehlung begegnen wollen.

3.1 Rahmenbedingungen für den Einsatz der MicroBerry- Lernumgebung

Wir beschreiben zunächst die Rahmenbedingungen, die für einen reibungslosen Unterrichtsablaufs vorbereitend durchgeführt werden sollten. Dies betrifft den Aufbau des Informatiklabors, die Bereitstellung der Hardware-Komponenten und die Vorbereitung der Raspberry Pi's (RPi) inklusive Aufbau eines Netzwerks.

Jeder Aspekt wird näher erläutert und anhand eines Beispiels nochmals verdeutlicht. Speziell das Aufspielen des Betriebssystems, das Einrichten eines Netzwerkes sowie die Installation der benötigten Software werden Schritt für Schritt anhand von Abbildungen erklärt.

3.1.1 Aufbau des Klassenraums als Informatiklabor

Im Prinzip lässt sich jeder Unterrichtsraum als Informatiklabor nutzen. Notwendig sind allerdings eine ausreichende Anzahl von Steckdosen für die Stromversorgung der Monitore und der RPis.

Es ist zu empfehlen, dass der Demonstrationsbereich mit den benötigten Hardwarekomponenten (RPi, Sortimentskasten) und einem PC oder Laptop ausgestattet ist. Idealerweise werden RPi und PC/Laptop an einen Beamer angeschlossen. Dadurch hat man beispielsweise die Möglichkeit, Programmierungen oder Flussdiagramme der Schülerinnen und Schüler gemeinsam zu besprechen oder auch einzelne Arbeitsschritte am RPi für alle sichtbar zu machen. Hilfreich ist es außerdem, wenn man einen Visualizer (Dokumentenkamera) zur Verfügung hat. Mit Hilfe des Visualizers lassen sich zum Beispiel reale Schaltungen und Bauteile übersichtlich auf einer Projektionstafel ablichten und deren Handhabung zum Beispiel im Plenum zeigen und besprechen.

An den Tischen im Interaktionsbereich müssen vor Unterrichtsbeginn die Monitore, Tastaturen und Mäuse, an denen die RPi's angeschlossen werden, zur Verfügung stehen.

In Anlehnung an Schubert und Schwill (2011) zeigen wir in Abb. 3.1 die Skizze eines für unsere Zwecke geeigneten Aufbaus des Informatiklabors.

Sollte man nur einen begrenzten Platz zur Verfügung haben, ist es natürlich auch möglich, Kommunikations- und Interaktionsbereich zusammenzulegen (Abb. 3.2).

3.1 Rahmenbedingungen für den Einsatz der MicroBerry- Lernumgebung

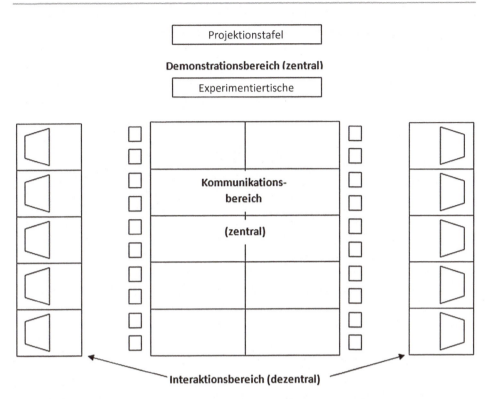

Abb. 3.1 Aufbau eines Informatiklabors (in Anlehnung an Schubert und Schwill 2011, S. 190)

Abb. 3.2 Informatiklabor an der Pädagogischen Hochschule Heidelberg – Nadine Ridinger und Felix Weschenfelder vor Unterrichtsbeginn

3.1.2 Sortimentskasten als Ordnungssystem

Das große Potenzial der MicroBerry-Lernumgebung sehen wir in der Kombination des RPi mit elektronischen Bauelementen, die als Sensoren und Aktoren am RPi angeschlossen und mit Hilfe von Programmen gesteuert werden können. So kann man handlungs- und anwendungsorientiert mit dem RPi arbeiten und experimentieren sowie eigene Projekte ganz praktisch umsetzen. Wichtig dabei ist, dass die Bauteile für die Schülerinnen und Schüler ohne aufwendiges Suchen zur Verfügung stehen und nach dem Experimentieren auch wieder ordentlich verstaut werden können. Wir nutzen zu diesem Zweck einen handelsüblichen doppelseitigen Sortimentskasten (RPi-Koffer), der mit unterschiedlich großen Behältern bestückt werden kann. Jeder Behälter wurde mit einem Überbegriff (wie Sensoren, Aktoren, LED, …) beschriftet. In der einen Hälfte des Koffers befinden sich alle relevanten Komponenten, um den RPi anzuschließen. In der anderen Hälfte sind alle nötigen Bauteile für das Experimentieren mit dem RPi aufbewahrt. Außerdem haben wir noch ein Multimeter mit in den Koffer gegeben. Dieses kann hilfreich bei eventueller Fehlersuche sein. Auf dem Boden der Behälter befinden sich die Bilder der Bauteile und seitlich dazu die Bauteilbeschriftung.

Die Abb. 3.3 zeigt einen RPi-Koffer mit entsprechender Bestückung.

Abb. 3.3 Der RPi-Koffer mit Innenleben

Zu Beginn der Unterrichtseinheit beziehungsweise der Unterrichtsstunde bekommt jede Gruppe einen eigenen RPi-Koffer, welcher alle notwendigen Bauteile zum Arbeiten mit dem RPi enthält. Insofern die Schülerinnen und Schüler einzelne Bauteile nicht kennen, sollen ihnen die beschrifteten Bilder helfen, die Bauteile zu identifizieren und richtig zu benennen. Sowohl zum Kennenlernen der Hardware als auch für die spätere Entwicklung eigener Projekte zeigt sich die Verwendung des Sortimentskastens als besonders praktisch.

3.1.3 Der Raspberry Pi

Der Raspberry Pi (Abb. 3.4) ist ein sehr kostengünstiger aber dennoch leistungsstarker Einplatinencomputer, der von der britischen Raspberry Pi Foundation[1] entwickelt wurde. Ziel der Entwickler war es, Kindern und Jugendlichen einen Zugang zur Informatik, speziell zum Programmieren und Experimentieren, zu ermöglichen. Der erste Rechner kam 2012 auf den Markt und hat seither eine riesige Online-Community um sich herum aufgebaut (Belam 2012). Die Raspberry Pi Foundation gibt auf Ihrer Internetseite an, dass bis Ende 2017 weltweit mehr als 17 Millionen Raspberry Pi-Computer verkauft wurden (Raspberry Pi Foundation 2018). Der Erfolg dieses kleinen Computers begründet sich sicherlich auch auf die vielfältigen Einsatzmöglichkeiten (vgl. Hübner 2016a). Die wichtigsten sind im Folgenden kurz aufgeführt:

- Als „normaler" PC bietet der Raspberry Pi Netzwerk- und Internetzugriff über LAN und WLAN sowie freie Anwendungssoftware im Rahmen einer LINUX-Distribution, wie zum Beispiel Libre Office oder Mathematica.
- umfangreiche Programmierumgebung (Scratch, Python, Java, Minecraft …)
- GPIO-Pins (General Purpose Input Output) als Schnittstelle zur physikalischen Welt (Elektronikprojekte, Steuern- und Regeln, Sensortechnik …). Die GPIO-Pins sind leicht über die Programmierumgebung anzusprechen.
- Multimediakonsole für den Anschluss und Steuerung von Videokamera, Webcams und TV
- Mediencenter zur Verwaltung von Video- und Tondateien
- Server für Internet- und LAN-Anwendungen (Webserver, Mailserver, Router …)

Im Unterricht nutzen wir beziehungsweise unsere Schülerinnen und Schüler vor allem die GPIOs des Raspberry Pi, um elektronische Bauteile mit Hilfe der Programmiersprachen Scratch und Python anzusprechen. Im Hintergrund nutzen wir ihn aber auch, um ein Kommunikationsnetzwerk aufzubauen. Auch Multimediaanwendungen wie die Steuerung von Videokameras wurden im Rahmen der Projekte schon eingesetzt.

---

[1] https://www.raspberrypi.org/.

Abb. 3.4 Raspberry Pi

Gerade bei Projektarbeiten bietet der Raspberry Pi ein ganzes Universum an Möglichkeiten und durch die riesige Community finden sich im Internet unzählige Beschreibungen verschiedenster Projekte. Angefangen bei kleinen selbst gebauten Robotern, über automatische Bewässerungs- und voll automatisierten Bierbrauanlagen bis hin zur Datenerfassung und Analyse von Wetterdaten in selbst konstruierten Heißluftballons ist alles zu finden (zum Beispiel digital pioneers 2018). Selbst auf der internationalen Raumstation ISS wurde der Raspberry Pi schon eingesetzt, um dort kleine Schülerprojekte zu verwirklichen (Astro Pi[2]). Bei Hübner (2016b) findet man die Beschreibung von projektorientierten AG-Stunden mit dem Raspberry Pi und Müller und Plüss (2016) zeigen Einstiegsmöglichkeiten ins Programmieren mit dem Raspberry Pi.

Im Laufe der vergangenen sechs Jahre kamen immer wieder neue und technisch verbesserte Pi-Modell auf den Markt. Wir nutzen im Unterricht den Raspberry Pi 3 Modell B. Dieser hebt sich von den älteren Modellen dadurch ab, dass er der erste mit integriertem WLAN-Modul ist. Im März 2018 erschien der neue Raspberry Pi 3 Modell B+. So ähnlich wie ihre Namen, so ähnlich ist auch die Architektur der beiden Modelle. Das neue Modell ist leistungsfähiger, bezüglich der Pinbelegung aber identisch zu seinem Vorgänger, so dass es keine Probleme geben sollte, die hier vorgestellten Inhalte auch mit dem neuen Modell umzusetzen.

3.1.3.1 Der Aufbau und die Anschlüsse des Raspberry Pi 3 Modell B

In einer ersten Begegnung mit dem Raspberry Pi wollen wir uns zunächst den Aufbau und die Anschlüsse im Detail anschauen. Abb. 3.5 zeigt die Anordnung der einzelnen Komponenten sowie die Pinbelegung der Anschlüsse. In Tab. 3.1 findet sich jeweils eine Kurzbeschreibung der Komponenten des Raspberry Pi.

---

[2] https://www.raspberrypi.org/education/programmes/astro-pi/.

3.1 Rahmenbedingungen für den Einsatz der MicroBerry- Lernumgebung

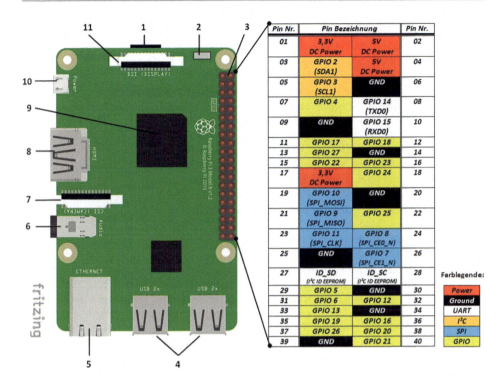

Abb. 3.5 Aufbau und Anschlüsse des Raspberry Pi 3 Modell B

Tab. 3.1 Kurzbeschreibung der einzelnen Komponenten des Raspberry Pi 3 Modell B

(1)	Mikro-SD-Karte Die Mikro-SD-Karte ist der sogenannte Peripheriespeicher. Auf ihm befindet sich das gesamte Betriebssystem des Raspberry Pi. In der Literatur wird eine Speichergröße von mindestens 2GB und möglichst Geschwindigkeitsklasse 10 empfohlen.
(2)	Onboard WLAN/ Bluetooth-Antenne Der Raspberry Pi verfügt über eine Bluetooth-Antenne, welche den Aufbau einer Bluetooth-Verbindung ermöglicht. Des Weiteren verfügt er über ein integriertes WLAN-Modul. Dies kann genutzt werden, um alle Raspberry Pi in einem Netzwerk miteinander zu verbinden.
(3)	40 Pin Stiftleiste (davon 26 GPIO-Pins) Sicherlich ein wichtiger Grund für den großen Erfolg des Raspberry Pi: seine 40 Pin Stiftleiste. An diese Stiftleiste können elektronische Bauelemente, Sensoren und Aktoren angeschlossen werden.
(4)	4x USB 2.0 Die USB Schnittstellen können zum Anschluss von Peripheriegeräten, wie zum Beispiel Tastatur oder Maus, verwendet werden.
(5)	10/100 Mbits/s LAN-Anschluss Über diesen Anschluss lässt sich der Raspberry Pi mit einem lokalen Netzwerk verbinden. Auch mit diesem Anschluss kann man ein (leitungsgebundenes) Netzwerk aufbauen.

(Fortsetzung)

Tab. 3.1 (Fortsetzung)

(6)	Analoger Audio- und Videoausgang (Klinkenbuchse 3,5 mm) Dieser Ausgang ermöglicht den Anschluss von Boxen oder Kopfhörern.
(7)	CSI-Maera-Anschluss (CSI = Camera Serial Interface) Diese Schnittstelle ist für spezielle Raspberry-Pi-Kamera-Module vorgesehen, die ebenfalls von der Raspberry Pi Foundation vertrieben werden. Mit dem Kameramodul lassen sich im Unterricht zahlreiche interessante Projektideen entwickeln und umsetzen. So können Schülerinnen und Schüler, abgesehen von den üblichen Funktionen einer Kamera, beispielsweise Zeitraffervideos aufzeichnen oder einen Livestream einrichten. Alle nötigen Einstellungen und der benötigte Gerätetreiber sind bereits vorinstalliert. Dadurch lässt sich die Kamera nach dem Einstecken direkt verwenden (Plug & Play).
(8)	HDMI-Anschluss Dieser dient als grafische Schnittstelle zum Anschließen eines Monitors. Sollte der Monitor, was bei älteren Modellen durchaus häufig vorkommt, lediglich über einen VGA-Anschluss verfügen, hilft die Verwendung eines HDMI/VGA-Adapters.
(9)	Prozessor (Broadcom SoC BCM2837) Beim Raspberry Pi befinden sich der Prozessor und die Grafikkarte im BCM2837, einem hochintegrierten Chip, allgemein auch als System-on-a-Chip (SoC) bezeichnet. Daher lässt sich der Raspberry Pi mit relativ wenig Leistung betreiben. Der geringe Stromverbrauch ist vor allem bei der Realisierung von Projekten, in denen der Raspberry Pi mit Hilfe eines Akkus betrieben werden muss (Beispiel: fahrendes Auto), von großem Vorteil.
(10)	Mikro-USB Anschluss zur Stromversorgung Über den Mikro-USB kann der Raspberry Pi mit Strom versorgt werden. Er benötigt für einen stabilen Betrieb eine konstante Spannungsquelle von 5 V. Eine Besonderheit des RPi ist das Fehlen eines Ein-/Aus-Schalters. Sobald er an die Stromversorgung angeschlossen wird, beginnt er hochzufahren. Er lässt sich über das Betriebssystem herunterfahren, muss aber zum erneuten Starten erst von der Stromversorgung abgetrennt und erneut angeschlossen werden. Um Projekte, wie beispielsweise ein fahrendes Auto, umsetzen zu können, ist das Betreiben über einen Akku von Vorteil. Eine einfache Möglichkeit ist das Nutzen einer USB-Powerbank.
(11)	DSI Display-Anschluss (Display Serial Interface) Über diese Schnittstelle können (Touch-)Displays mit dem Raspberry Pi verbunden werden. Möchte man allerdings mit dem Raspberry Pi die GPIOs programmieren, ist die Verwendung eines externen Displays eher ungeeignet, da die Arbeit an den GPIOs durch das angeschlossene Display behindert wird. Des Weiteren sind die geringe Displaydiagonale und der relativ hohe Preis ein weiterer Nachteil dieser externen Displays. Für den Unterricht ist die Verwendung eines „normalen" Monitors zu empfehlen.

3.1.3.2 Die 40 Pin Stiftleiste – das Highlight des Raspberry Pi

Die Stiftleiste besteht aus insgesamt 40 Pins (=2 × 20 elektronische Kontakte) (Abb. 3.6). 26 Pins sind sogenannte GPIO-Pins (General Purpose Input Output), mit welchen sich Sensoren, Aktoren und diverse weitere Ausgabegeräte ansteuern lassen. Einige der GPIO-Pins besitzen darüber hinaus weitere Funktionen, wie beispielsweise einen I²C-Bus, sowie die seriellen Bussysteme SPI und UART. Die Pins Nr. 27 und Nr. 28 sind vom Raspberry Pi selbst reserviert und können deshalb nicht verwendet werden. An den restlichen 12 Pins liegen verschiedene Spannungspotenziale an. 8 Pins sind dabei mit dem 0 V-Potenzial (Masse, GND) verbunden und jeweils 2 Pins mit einem konstanten Spannungspegel von 5 V DC beziehungsweise 3,3 V DC. Die GPIO-Pins können über installierte Program-

Abb. 3.6 Belegung der 40 Pin Stiftleiste

Pin Nr.	Pin Bezeichnung		Pin Nr.
01	3,3V DC Power	5V DC Power	02
03	GPIO 2 (SDA1)	5V DC Power	04
05	GPIO 3 (SCL1)	GND	06
07	GPIO 4	GPIO 14 (TXD0)	08
09	GND	GPIO 15 (RXD0)	10
11	GPIO 17	GPIO 18	12
13	GPIO 27	GND	14
15	GPIO 22	GPIO 23	16
17	3,3V DC Power	GPIO 24	18
19	GPIO 10 (SPI_MOSI)	GND	20
21	GPIO 9 (SPI_MISO)	GPIO 25	22
23	GPIO 11 (SPI_CLK)	GPIO 8 (SPI_CE0_N)	24
25	GND	GPIO 7 (SPI_CE1_N)	26
27	ID_SD (I²C ID EEPROM)	ID_SC (I²C ID EEPROM)	28
29	GPIO 5	GND	30
31	GPIO 6	GPIO 12	32
33	GPIO 13	GND	34
35	GPIO 19	GPIO 16	36
37	GPIO 26	GPIO 20	38
39	GND	GPIO 21	40

mierumgebungen, wie Scratch oder Python, aber auch über das Terminal programmiert werden. Dabei können sie jeweils über entsprechende Befehle als Eingang/Input oder Ausgang/Output konfiguriert werden. Ist ein GPIO als Ausgang programmiert, kann man ihn mit entsprechenden Befehlen auf High-Signal (+3,3 V) oder Low-Signal (0 V) setzen. Ist er als Eingang konfiguriert, kann man den High oder Low-Pegel eines angeschlossenen Eingabegeräts detektieren und softwaremäßig weiterverarbeiten. Dabei werden Spannungen unter 0,8 V als Low- und über 1,3 V als High-Signal erkannt (Schnabel 2018).

▶ Input: An einen GPIO, der als Input konfiguriert ist, können einfache digitale Eingabegeräte (Taster, Lichtschrankensensoren etc.) angeschlossen werden. Mit Hilfe einer Programmierumgebung kann das Eingangssignal abgefragt und weiterverarbeitet werden.

Output: An einen GPIO, der als Output konfiguriert ist, können einfache Ausgabegeräte (LED, Transistoren, diverse IC-Eingänge etc.) angeschlossen werden. Mit Hilfe einer Programmierumgebung kann das Ausgangssignal am GPIO auf High (zum Beispiel um eine LED anzuschalten) oder Low (LED aus) gesetzt werden.

▶ **Achtung:** Ist an einem GPIO, der als Eingang konfiguriert ist, kein Eingabegerät angeschlossen, neigt der Eingang zum Schwingen und nimmt dann zufällig Low- oder High-Signal an. An einem nicht beschalteten (offenen) Eingang liegt also nicht zwangsläufig Low-Signal an, wie man fälschlicherweise oft gerne annimmt.
Abhilfe: Pullup- oder Pulldown-Widerstand (siehe unten)

▶ Wie bei jedem technischen Gerät kann auch beim Raspberry Pi ein unsachgemäßer Gebrauch zur Beschädigung führen. Insbesondere sind beim Beschalten und der Handhabung der GPIO-Pins folgende Hinweise zu beachten.

- Der maximal zulässige Gesamtstrom durch alle Pins liegt bei 50mA. Größere Ströme können zur Zerstörung des Raspberry Pi führen (Schnabel 2018).
- An einem GPIO-Pin sollte der maximale Strom höchstens 16 mA betragen (ebd.).
- Für einen zuverlässigen Betrieb werden an den GPIO-Pins jeweils Stromstärken zwischen 2 und 8 mA empfohlen (ebd.).
- Die GPIO-Pins sind maximal mit 3,3 V zu betreiben. Höhere Spannungen zerstören den Raspberry Pi (ebd.).

Konsequenzen
An einen GPIO-Ausgang sollten keine Bauteile direkt angeschlossen werden, die einen unzulässig hohen Strom ziehen, wie zum Beispiel Motoren, Relais etc. Betreiben Sie diese Bauteile nur mit entsprechender Zwischenstufe (Transistor, Operationsverstärker, Motortreiber-IC etc.).

Vermeiden Sie Kurzschlüsse, d. h. ein GPIO-Ausgang, der ein Low-Signal liefert, sollte nicht direkt an 3,3V angeschlossen werden und ein GPIO-Ausgang, der ein High-Signal liefert, dementsprechend nicht direkt mit GND in Berührung kommen.

Wir empfehlen unseren Schülerinnen und Schülern deshalb immer, vor und während des Schaltungsaufbaus den Raspberry Pi auszuschalten und vor dem Einschalten die Schaltung nochmals gewissenhaft zu prüfen. Auch ist es nicht sinnvoll, im laufenden Betrieb Schaltungsänderungen vorzunehmen, sondern den RPi bei Bedarf erneut herunterzufahren.

Die Erfahrung zeigt, dass die Schülerinnen und Schüler in den ersten Versuchen mit dem Raspberry Pi diesen beim Schaltungsaufbau ausschalten, je sicherer sie aber im Umgang mit dem Raspberry Pi werden, desto öfter beschalten sie ihn doch im laufenden Betrieb. Dies kann für die Langlebigkeit des RPi ein Problem darstellen und sollte von der Lehrkraft immer wieder im Unterricht thematisiert und eingefordert werden.

Beispiel für die Beschaltung eines GPIO-Ausgangs

Im einfachsten Fall kann man an einen GPIO-Ausgang eine Leuchtdiode (LED) anschließen und betreiben (siehe nachfolgende Abbildung). Die Leuchtdiode benötigt dabei immer einen Vorwiderstand R_V, der den Strom I_F durch die LED und damit auch den Strom, der vom GPIO-Ausgang zur Verfügung gestellt wird, begrenzt. Eine typische LED hat beispielsweise eine Durchflussspannung U_F von 2 V. Bei einem Durchflussstrom I_F von 10 mA benötigen wir somit einen Vorwiderstand R_V von 130 Ω.

3.1 Rahmenbedingungen für den Einsatz der MicroBerry- Lernumgebung

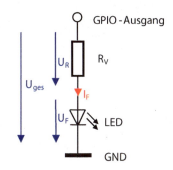

$$R_v = \frac{U_{ges} - U_F}{I_F} = \frac{3{,}3V - 2V}{10\,mA} = 130\,\Omega$$

Beispiel für die Beschaltung eines GPIO-Eingangs

Da, wie oben bereits erwähnt, ein nicht beschalteter GPIO-Eingang zum Schwingen neigt und damit einen nicht definierten Zustand einnehmen kann, sollte man sicherstellen, dass an einem GPIO-Eingang immer entweder High- oder Low-Signal anliegt. Schließt man beispielsweise als Signalgeber einen Schalter an den GPIO-Eingang, so ist es sinnvoll, dass bei geöffnetem Schalter der GPIO-Eingang über einen Pullup- oder Pulldown-Widerstand auf einen definierten Zustand (High- oder Low-Signal) gesetzt wird. Ein Pullup-Widerstand setzt dabei den GPIO-Eingang bei geöffnetem Schalter sicher auf High-, ein Pulldown-Widerstand dementsprechend sicher auf Low-Pegel. Als Widerstandswert eignet sich jeweils ein 10 kΩ Pullup- beziehungsweise Pulldown-Widerstand.

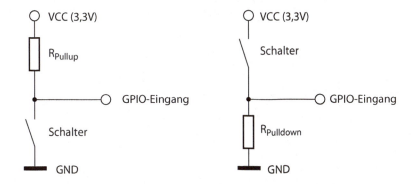

▶ Wir empfehlen die Schaltung mit dem Pullup-Widerstand zu verwenden, da diese Schaltung weniger störanfällig in Bezug auf ein sicheres Low-Signal am GPIO-Eingang ist.

Anmerkung
Im Fachhandel werden auch bereits Schalter mit eingebauten Pullup- beziehungsweise Pulldown-Widerständen angeboten. Auch gibt es Leuchtdioden, die mit passenden Vorwiderständen auf einer Platine zur Verfügung stehen. Wir vermuten allerdings, dass der Einsatz solcher „Black Box-Modelle" einem Verständnis der Funktionsweise der elektronischen Bauteile und deren Zusammenspiel eher entgegenwirken.

Beschriftung der 40 Pin Stiftleiste
Wenn man sich den Raspberry Pi anschaut, erkennt man, dass es keine Beschriftungen der Pins gibt. Somit ist das korrekte Verbinden der Jumperkabel mit den benötigten Pins stets mit umständlichem und zeitraubendem Suchen verbunden. Dieses Problem kann mittels einer Schablone gelöst werden. Diese Schablone, wie sie in Abb. 3.7 zu sehen ist, kann aus Papier erstellt und laminiert oder mit Hilfe einer Fräsmaschine hergestellt werden.

3.1.3.3 Verarbeitung analoger Signale

Physikalische Messgrößen (zum Beispiel Temperatur, Druck, Kraft, Lichtstärke, mechanische Spannung etc.) liegen zunächst einmal in analoger Form vor. Zur Detektierung dieser Messgrößen werden Sensoren benötigt, die diese dann in elektrische Signale umwandeln. Diese Signale sind in der Regel dann ebenfalls analog. Der Raspberry Pi stellt aber keine analogen Eingänge zur Verfügung, so dass die analogen Signale zunächst digitalisiert werden müssen. Hierzu benötigt man einen Analog-Digital-Wandler (ADC), der zwischen dem analogen Sensor und den digitalen Eingängen des RPi geschaltet werden muss. Für den Raspberry Pi gibt es zahlreiche Möglichkeiten der Hardwareerweiterung, die unter anderem solche ADCs enthalten und damit analoge Signale verarbeiten können. Wir stel-

Abb. 3.7 Schablone für die 40 Pin Stiftleiste

len im Folgenden den „Explorer HAT Pro" als eine Erweiterungsmöglichkeit vor, mit dem wir im Unterricht gute Erfahrungen gesammelt haben.

3.1.4 Der Explorer HAT Pro

Die Hardwareerweiterungen für den Raspberry Pi werden meist als sogenannte HATs (*H*ardware *A*ttached on *T*op) angeboten. Das sind Zusatzplatinen die auf die 40 Pin Stiftleiste des RPi gesteckt werden. Sie erleichtern die sichere Verwendung des RPi und bieten zusätzliche nützliche Funktionen an. Durch die Installation des jeweiligen Treibers erkennt der RPi den verwendeten HAT automatisch. Für die einzelnen Programmierumgebungen können nun Bibliotheken importiert werden, welche die Programmierung des verwendeten HATs ermöglichen. Es gibt eine große Bandbreite verschiedener HATs auf dem Markt.

Der „Explorer HAT Pro" (siehe Abb. 3.8), der von der britischen Firma „Pimoroni" entwickelt und verkauft wird, ist aus unserer Sicht besonders gut für den Schuleinsatz geeignet. So stellt er neben vier analogen Eingängen jeweils vier digitale Eingänge und Ausgänge zur Verfügung, die jeweils mit 5 V betrieben werden. Die vier Ausgänge können zusammen maximal mit 500 mA belastet werden und damit zehnmal so hoch als die GPIOs des RPi. Außerdem hat der HAT zwei Motortreiber integriert, an denen jeweils Motoren bis zu einem maximalen Strom von 200 mA betrieben werden können. Auch ungesicherte 3,3 V-Ports stehen weiterhin zur Verfügung. Abb. 3.9 zeigt den Explorer HAT Pro mit der entsprechenden Belegung, in Tab. 3.2 findet sich eine Kurzbeschreibung der einzelnen Komponenten.

Abb. 3.8 Explorer HAT Pro

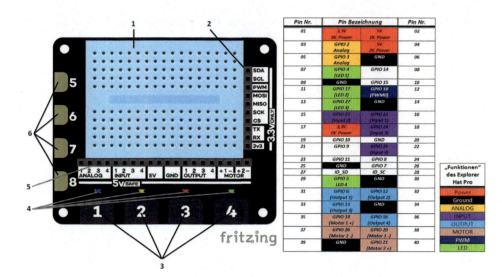

Abb. 3.9 Explorer HAT Pro mit Belegung

Tab. 3.2 Kurzbeschreibung der einzelnen Komponenten des Explorer HAT Pro

(1)	**Steckbrett**
	Auf diesem Steckbrett können die Jumper und Bauteile gesteckt werden. Es gibt pro Reihe zehn Anschlüsse, die mittig durch eine sogenannte „Bridge" in 2 × 5 Anschlüsse geteilt werden. Wird beispielsweise ein Jumperkabel von dem 5 V-Anschluss in einen Steckplatz auf dem Steckbrett gesteckt, so sind alle fünf Steckplätze in der gleichen Reihe auf der gleichen Seite der „Bridge" mit 5 V versorgt. Es können neben dem relativ kleinen Steckbrett des Explorer HATs noch weitere Steckbretter verwendet werden. Diese folgen alle dem gleichen Prinzip.
(2)	**10-Pin-Buchsenleiste** (max. bis 3,3 V nutzbar)
	Diese Leiste besitzt neun frei programmierbare GPIOs und einen spannungskonstanten 3,3 V Pin. Sie verhalten sich gleich wie die Stiftleiste des Raspberry Pi, besitzen also keine weitere Absicherung. PWM steht für Pulsweitenmodulation und wird beispielsweise dazu verwendet, um eine LED zu dimmen oder einen Servomotor anzusteuern.
(3)	**4 Kapazitive Touchpads**
	Die Touchpads können beim Experimentieren und Programmieren beispielsweise für Abfragen verwendet werden. Sie fungieren als Taster.
(4)	**4 LED's** (rot, grün, blau, gelb)
(5)	**20-Pin-Buchsenleiste** (max. bis 5,0 V nutzbar) mit den jeweiligen Funktionen:
	Analog, Input, 5V, GND, Output, Motor
	Alle vier Input-Pins können mit einer Spannung bis 5 V sicher betrieben werden.
	Alle vier Output-Pins lassen sich entweder auf GND-Potenzial oder hochohmig schalten. Dies ist ein wesentlicher Unterschied zu den GPIO-Pins des RPi, die entweder auf VCC (3,3 V) oder auf GND-Potenzial liegen.
	Die vier analogen Pins können analoge Messwerte (0–5 V) ermitteln.
	Nicht programmierbar sind jeweils die Pins GND (Ground) und 5 V.
	Des Weiteren lassen sich auf dieser Leiste zwei Gleichstrommotoren getrennt voneinander ansteuern. Es lassen sich mittels Programmierung Drehrichtung und Geschwindigkeit der Motoren steuern. Es wird keine externe Stromversorgung benötigt.
(6)	**4 Kapazitive Krokodilklemmenfelder**
	An diesen Feldern können vier Taster mittels Krokodilklemmen befestigt werden.

3.1 Rahmenbedingungen für den Einsatz der MicroBerry- Lernumgebung

Mit dem Explorer HAT Pro lassen sich vielfältige Projekte umsetzen. Die Erfahrungen zeigen, dass die Schülerinnen und Schüler motiviert mit diesem HAT arbeiten und keine Probleme mit diesem haben.

3.1.5 Aufbau eines Netzwerks

Wie oben beschrieben, vernetzen wir die RPis, um eine schnelle und einfache Möglichkeit zu haben, Dateien untereinander auszutauschen beziehungsweise zur Verfügung zu stellen. Auch können dadurch die Schülerinnen und Schüler zum Beispiel selbst erstellte Programme vom eigenen Rechner aus mittels Beamer auf eine Leinwand projizieren. Die Lernenden können somit ohne große Umstände eigene Ideen ihrer Lerngruppe präsentieren und mit dieser darüber diskutieren.

Für den Aufbau des Netzwerks empfehlen wir unabhängig vom Schulnetzwerk, die RPis sterntopologisch mit einem WLAN-Router zu vernetzen (siehe Abb. 3.10). Es ist natürlich auch möglich, ein LAN mit entsprechenden Netzwerkkabeln und zum Beispiel einem Switch oder Router aufzubauen. Verwendet man einen Router, kann man über diesen gleichzeitig eine Internetverbindung aufbauen. Dies ist für die hier beschriebenen Lernsequenzen allerdings nicht notwendig.

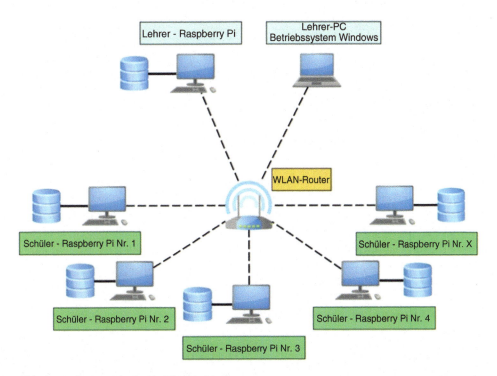

Abb. 3.10 Sterntopologischer Netzwerkaufbau

3.2 Software

Nachdem wir in den vorangegangenen Kapiteln die Hardwarekomponenten der MicroBerry-Lernumgebung beleuchtet haben, wollen wir jetzt die benötigte Software näher beschreiben. Der Mikrocomputer Raspberry Pi benötigt, wie ein „normaler" PC, ein Betriebssystem.

Es gibt für den RPi mittlerweile mehr als 40 verschiedene Betriebssysteme. Die meisten davon sind Linux-Systeme, aber auch ein RISC-OS und Windows 10 IOT-Core sind mittlerweile verfügbar (Gerstl 2017).

Zusammen mit den Betriebssystemen werden entsprechende kompatible Anwenderprogramme mitgeliefert. Das am häufigsten benutzte Betriebssystem für den Raspberry Pi ist die Linux-Distribution „Raspbian", die wir im Folgenden ausführlicher beschreiben wollen, da auch wir in unserer MicroBerry-Lernumgebung Raspbian verwenden. Außerdem gehen wir in diesem Kapitel auf die beiden Programmiersprachen Scratch und Python ein, die beim Raspbian-Betriebssystem gleich mit dabei sind.

Raspbian ist die am häufigsten verwendete Linux-Distribution für den Raspberry Pi und wird offiziell von der Raspberry Pi Foundation unterstützt. Raspbian ist als typisches Linux-System natürlich kostenlos erhältlich und nutzbar und wurde von Anfang an auf die Hardware des Raspberry Pi angepasst. Raspbian richtet sich in erster Linie an Anfänger und startet deshalb mit einer grafischen Benutzeroberfläche und vorinstallierten Anwenderprogrammen, wie zum Beispiel die Programmierumgebungen Scratch und Python (Wolski 2017).

Viele Anbieter von Raspberry Pi-Systemen liefern eine vorinstallierte SD-Karte bereits mit. Häufig befindet sich darauf der Installationsmanager „Noobs". Beim ersten „Hochfahren" des RPi wird Noobs geladen und über ein Auswahlmenü kann man dann zum Beispiel Raspbian installieren. Sollten Sie keine vorinstallierte SD-Karte besitzen, müssen Sie das Betriebssystem mit Hilfe eines PCs und einem daran angeschlossenen SD-Kartenlesegerät auf die SD-Karte schreiben. Im Folgenden werden zwei Möglichkeiten der Installation von Raspbian auf eine SD-Karte beschrieben.

3.2.1 Installation des Betriebssystems Raspbian

Prinzipiell gibt es zwei Möglichkeiten, Raspbian auf die SD-Karte zu bekommen. Zum einen kann man den Installationsmanager „Noobs" auf die SD-Karte kopieren und Raspbian anschließend mit Hilfe von „Noobs" installieren, zum anderen kann man ein Image von Raspbian auf die SD-Karte übertragen, benötigt hierfür dann aber ein spezielles Programm, das Image-Files korrekt auf die SD-Karte schreiben kann.

Erste Möglichkeit: Installation mit Hilfe des Installationsmanagers „Noobs"
Vorgehensweise:

1. SD-Karte formatieren, zum Beispiel mit SD Formatter 4.0.
2. Den Installationsmanager NOOBS installieren (https://www.raspberrypi.org/downloads): Das heruntergeladene NOOBS zip-file entpacken und auf die SD-Karte kopieren.

3. Beim ersten Hochfahren des Raspberry mit der SD-Karte kann man in NOOBS das Betriebssystem Raspbian auswählen und installieren.

Zweite Möglichkeit: Installation über Image-Datei
Vorgehensweise:

1. SD-Karte formatieren, zum Beispiel mit SD Formatter 4.0.
2. Raspbian Image herunterladen und ZIP-Datei entpacken
   - Downloadlink für das Image:
     https://downloads.raspberrypi.org/raspbian_latest
3. Win32DiskImager herunterladen, entpacken und ausführen
   - Downloadlink des Programms Win32DiskImager:
     https://sourceforge.net/projects/win32diskimager/
   - zu beschreibendes Wechselmedium auswählen
   - bei „Image File" das entpackte Raspbian-Image auswählen
   - abschließend auf „Write" klicken

SD-Karte formatieren mit SD Formatter 4.0
- Downloadlink des Programms „SD Formatter":
  https://www.sdcard.org/downloads/formatter_4/
- zu formatierendes Wechselmedium auswählen
- Optionen „Format Type" auf „Quick" und „Format Size Adjustment" auf „On" setzen
- nun auf „Format" klicken

Ist der Schreibvorgang erfolgreich, kann die SD-Karte beziehungsweise Mikro-SD-Karte in den RPi eingesteckt werden. Sobald der RPi mit Strom versorgt wird, bootet das Betriebssystem „Raspbian" automatisch und kann genutzt werden.

3.2.2 Konfiguration des Raspberry Pi mit Raspbian

Bevor man den Raspberry Pi effektiv nutzen kann, sollte man zunächst wichtige Grundeinstellungen wie Zeitzonen- und Spracheinstellungen, Bildschirmauflösung oder Benutzer- und Passwortkonfigurationen vornehmen.

Diese Einstellungen lassen sich entweder über die grafische Benutzeroberfläche oder über die Befehlszeile, die mit Hilfe eines Terminal-Programms angesprochen werden kann, durchführen.

3.2.2.1 Grundkonfiguration über die grafische Benutzeroberfläche

Die Rasperry Pi-Konfiguration lässt sich über „Menü/Einstellungen/Raspberry Pi Konfiguration" aufrufen.

Über dieses Programm lassen sich die Grundeinstellungen verändern und anpassen (siehe Abb. 3.11). Unter dem Reiter „System" findet man beispielsweise die Benutzernamen- und

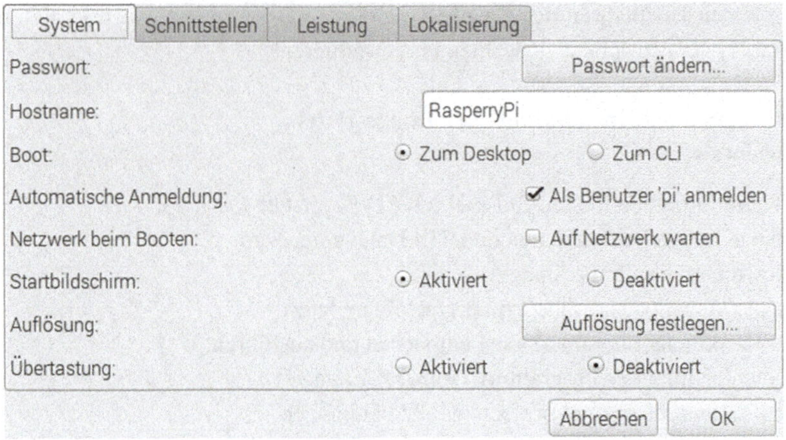

Abb. 3.11 Grafische Benutzeroberfläche des Konfigurationsprogramms

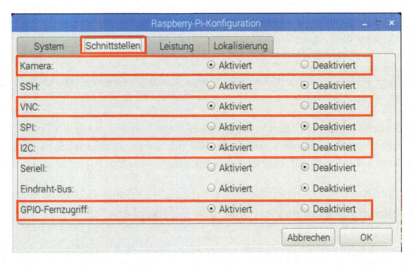

Abb. 3.12 Schnittstellen aktivieren/deaktivieren

Passwortverwaltung oder die Möglichkeit der Veränderung der Bildschirmauflösung. Unter dem Reiter „Lokalisierung" können zum Beispiel Sprach-, Zeit- und Ländereinstellungen vorgenommen werden.

Um bestimmte Schnittstellen nutzen zu können, müssen diese zunächst aktiviert werden. Sie lassen sich im Menü „*Einstellungen* → *Raspberry-Pi-Konfiguration*" unter dem Reiter „*Schnittstellen*" aktivieren oder deaktivieren (siehe Abb. 3.12).

▶ Es empfiehlt sich zumindest, die I2C-Schnittstelle zu aktivieren, da diese für den reibungslosen Betrieb des Explorer HAT Pro benötigt wird.

Grundkonfiguration über ein Terminalprogramm

Wie jedes Linux-System verfügt Raspbian über ein Terminalprogramm, mit dem man Zugriff auf die Befehlszeilen-Ebene erhält und damit keine grafische Benutzeroberfläche benötigt. Auf der Befehlszeilen-Ebene können alle administrativen Aufgaben, wie zum Beispiel Systemupdates und Systemupgrades, Netzwerkkonfiguration, Benutzerverwaltung oder eben auch die Grundkonfiguration, schnell und effektiv durchgeführt werden.

Das Terminal lässt sich aus der grafischen Benutzeroberfläche heraus über den Menüpunkt: „Zubehör/LXTerminal" oder direkt über das Terminal-Icon starten. Sollte der RPi ohne grafische Benutzeroberfläche starten, befindet man sich nach dem „Hochfahren" direkt im Terminal.

Wie Abb. 3.13 zeigt, ist im Terminal vor jedem Kommando ein kleiner farbiger Text vorangestellt (pi@RaspberryPi). „pi" ist der Benutzername und „RaspberryPi" der Name des Rechners.

Standardmäßig wird vom System beim ersten Hochfahren der Benutzer „pi" mit dem Passwort „raspberry" eingerichtet.

Mit dem Befehl: *sudo raspi-config* lässt sich das Programm für die Grundkonfiguration starten. Es öffnet sich dann das „Configuration-Tool" entsprechend der Abb. 3.14. Mit Hilfe der Pfeiltasten und der Enter-Taste bewegt man sich im Menü und kann dann alle notwendigen Grundeinstellungen vornehmen. Wir verzichten an dieser Stelle auf eine

Abb. 3.13 Ansicht Terminalfenster

Abb. 3.14 Configuration Tool des Raspberry Pi

genaue Beschreibung aller Menüpunkte, da die meisten Einstellungsmöglichkeiten selbsterklärend sind. Detaillierte Beschreibungen hierzu findet man zahlreich im Internet (z. B. Schnabel 2018; Eggeling 2017).

3.2.2.2 Erweiterte Systemkonfiguration mit dem Terminal

Neben der Grundkonfiguration kann man über das Terminal mit entsprechenden Befehlen erweiterte administrative Aufgaben durchführen. Wir stellen im Folgenden die wichtigsten Möglichkeiten vor.

Der Sudo-Befehl

In einem Linux-System darf nicht jeder Benutzer alles machen. Systemrelevante Änderungen sind in der Regel nur vom Administrator (supervisor) oder von einem Benutzer, der Administrationsrechte hat, durchführbar. In Raspbian heißt der Administrator „root" und wird zusammen mit dem Benutzer „pi" bei der Installation standardmäßig angelegt. Obwohl der Benutzer pi zunächst keine root-Rechte besitzt, hat er die Möglichkeit, sich bei der Ausführung eines Befehls temporäre root-Rechte zuzuweisen, indem er vor den eigentlichen Befehl das Wort „sudo" schreibt.

Mit dem Befehl *sudo –s* wechselt man in den root-Modus und erspart sich vor jedem Kommando den *sudo*-Befehl. Des Weiteren können einzelnen Benutzern root-Rechte ganz oder teilweise übertragen werden.

Einen neuen Benutzer anlegen

Für Lehrkräfte kann es interessant sein, für den Raspberry Pi unterschiedliche Benutzer anzulegen, um Administrationsrechte zu verwalten.

sudo adduser [Benutzername]

Dieser Befehl legt einen neuen Benutzer an. Gibt man diesen Befehl im Terminal ein, wird nach einigen weiteren Informationen gefragt. Ein Passwort für den Benutzer soll eingegeben und Name, Telefonnummer und sonstige Informationen können hinzugefügt werden. Diese hinzugefügten Nutzer haben erstmal keine root-Rechte und können nicht das sudo-Kommando ausführen. Allerdings besteht die Möglichkeit, ihnen diese Rechte zu geben (Details z. B. bei Schnabel 2018).

Software-Aktualisierung und Software-Installation

Raspbian besteht im Wesentlichen aus dem Betriebssystem-Kernel und den Paketen, die die Programme, Treiber und Bibliotheken enthalten. Da Pakete in der Regel aufeinander aufbauen und voneinander abhängig sind, werden diese Abhängigkeiten sowie die aktuell zur Verfügung stehenden Programmversionen in sogenannten Paketlisten hinterlegt (Schnabel 2018). Möchte man sein System auf den neuesten Stand bringen, muss man zunächst diese Paketlisten mit dem folgenden Befehl aktualisieren:

sudo apt-get update

3.2 Software

Im zweiten Schritt wird dann die aktualisierte Paketliste mit den aktuell installierten Paketen verglichen und bei Abweichungen die neuen Pakete aus dem Internet heruntergeladen und neu installiert. Dies geschieht durch den folgenden Befehl:

sudo apt-get upgrade

▶ Regelmäßige Updates und Upgrades sind immer dann empfehlenswert, wenn das System mit dem Internet verbunden ist, da dadurch etwaige Sicherheitslücken schnell geschlossen werden können und die Gefahr, sich beispielsweise einen Virus einzufangen, minimiert wird. Andererseits besteht die Gefahr, dass man sich durch ein Upgrade fehlerhaft programmierte Software installiert und sein System im schlimmsten Fall „abschießt". Läuft das eigene System problemlos und wird das Internet nicht genutzt, gibt es, streng nach dem Motto: „never change a running system", keinen Grund, Upgrades vorzunehmen.

Installation und Deinstallation einzelner Programme
Mit dem folgenden Befehl können einzelne Programme beziehungsweise Pakete aus dem Internet heruntergeladen und installiert werden.

sudo apt-get install [Paketname]

Es bietet sich an, vor der Installation eines Pakets ein Update durchzuführen um sicherzustellen, dass man die aktuelle Version des Programms herunterlädt.
Zur Deinstallation von Programmen eignet sich folgender Befehl:

sudo apt-get remove [Paketname]

Mit Hilfe des Kommandos *sudo aptitude* können alle installierten Programme eingesehen werden. Das ist gerade dann hilfreich, wenn die SD-Karte an ihre Speicherkapazität kommt und man entscheiden muss, welche Programme man deinstallieren möchte.
Möchte man direkt von einer Internetseite Verzeichnisse herunterladen, geht dies mit den Befehlen:

wget [http://servername.de] oder *curl [http://servername.de]*

Inhalte von Konfigurationsdateien verändern und anpassen
Sämtliche Systemeinstellungen sind bei Linux-Systemen in editierbaren Textdateien hinterlegt. Auch können in sogenannten Skript-Dateien, die ebenfalls textbasiert sind, mehrere Befehle nacheinander geschrieben werden. Ruft man die Skript-Datei dann auf, werden die Befehle automatisch nacheinander abgearbeitet. So lassen sich zum Beispiel mehrere Programminstallationen oder Systemeinstellungen bequem mit einem Aufruf durchführen.

Textdateien lassen sich am einfachsten mit Hilfe von Editoren erstellen und verändern. „Nano" ist ein einfacher im Terminal zur Verfügung stehender Editor, der im Folgenden kurz vorgestellt wird.

Der Texteditor Nano

Abb. 3.15 zeigt einen Screenshot des Texteditors Nano. Zu sehen ist der Inhalt einer Datei (configtest.txt), den man nun bequem editieren und abspeichern könnte. Speichern und andere Funktionen werden durch entsprechende Shortcuts ermöglicht. Für das Speichern sind zum Beispiel die Strg- und O-Taste zu drücken, beendet wird Nano mit Strg- und X-Taste. Der Aufruf des Programms geschieht am einfachsten mit dem Befehl:

sudo nano [Dateiname]

3.2.2.3 Installation aller für unsere Lernumgebung notwendigen Programme

Wir nutzen eine Skript-Datei , um schnell alle notwendigen Einstellungen vorzunehmen und die benötigten Programme zu installieren.

Im Folgenden wird diese Skript-Datei im Detail erläutert. Der Beginn der Erklärungstexte zu den einzelnen Terminal-Befehlen ist durch ein „#" gekennzeichnet und ist bei der Installation im Terminal nicht einzugeben!

▶ Voraussetzung für die erfolgreiche Abarbeitung der Befehle der Skript-Datei ist ein funktionsfähiger Internetzugang, da einige Programmpakete vor der Installation aus dem Netz geladen werden müssen.

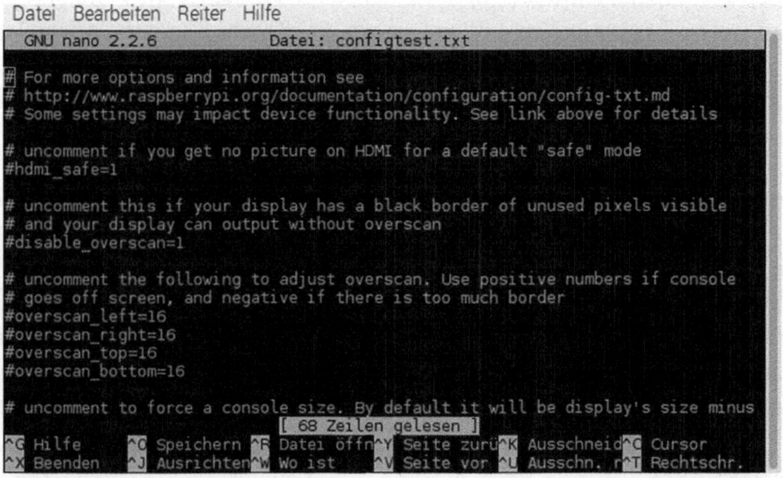

Abb. 3.15 Screenshot Texteditor Nano

3.2 Software

- **sudo apt-get update**
  #Aktualisiert alle Paketquellen
- **sudo apt-get upgrade**
  # Dieser Befehl bringt alle installierten Pakete auf den neuesten Stand
- **curl https://get.pimoroni.com/explorerhat | bash**
  #Download der Installationsdateien zur Verwendung der Zusatzplatine „ExplorerHAT Pro"
- **sudo apt-get install python-smbus**
  # Download und Installation eines Python Moduls/benötigt für die Installation der Zusatzplatine
- **sudo apt-get install python-pip**
  #Download und Installation eines Paketverwaltungsprogramms für Python-Pakete/ wird benötigt, um die Zusatzplatine verwenden zu können
- **sudo pip install explorerhat**
  # Installation der Bibliothek der Zusatzplatine „ExplorerHAT Pro"/wird zur Verwendung der Zusatzplatine benötigt!
- **wget https://git.io/vMS6T -O isgh8.sh**
  # Download der Installationsdateien für ScratchGPIO8 und ScratchGPIO8Plus
- **sudo bash isgh8.sh**
  # Installation von ScratchGPIO8 und ScratchGPIO8Plus
- **sudo apt-get install dia**
  # Installation der Software „Dia"/Software zur Erstellung von Flussdiagrammen
- **sudo apt-get install samba samba-common-bin**
  # Installation von „Samba"/wird für die Einrichtung des Netzwerkordners benötigt
- **sudo pip install pibrella**
  # Installation der Bibliothek der Zusatzplatine „Pibrella"/wird für Lernsequenz 4 „Der Ton macht die Musik" benötigt und liefert einen Befehlssatz zur Erzeugung von Tönen durch Eingabe konkreter Frequenzen

▶ Ein umfassender Überblick mit detaillierten Beschreibungen zu den hier verwendeten und weiteren „apt-get"-Befehlen ist unter folgendem Link zu finden: https://wiki.ubuntuusers.de/apt/apt-get/. Zugegriffen am 27.04.2019

Ein Skript ist eine Textdatei, die Befehle enthält, die beim Aufruf der Skript-Datei nacheinander Schritt für Schritt abgearbeitet werden.

Möchte man einen ganzen Klassensatz an RPis jeweils mit entsprechender Softwareinstallation vorbereiten, ist dies entsprechend zeitaufwendig, wenn man auf jedem einzelnen RPi die einzelnen Installationen vornimmt. Abhilfe schafft hier die Erstellung eines Images nach erfolgreicher Installation eines Raspberry Pis. Auf die Speicherkarten der anderen RPis muss dann nur noch das zuvor erstellte Image kopiert werden. Wie man ein solches Image erzeugt und anwendet, wird im Folgenden erklärt.

3.2.3 Image erstellen und anwenden

Um die zuvor aufgeführten Installationsschritte nicht für jeden einzelnen Raspberry Pi wiederholen zu müssen, gibt es die Möglichkeit, sogenannte „Images" beziehungsweise „System-Abbildungen" zu erstellen. Beim Erstellen eines Images werden alle Dateien, welche sich auf der microSD-Karte befinden, kopiert und in Form einer Datei abgespeichert.

Das heißt, das vorhandene Betriebssystem, die darauf installierte Software und alle vorhandenen Dateien, die sich auf der microSD-Karte befinden, werden 1:1 in Form einer Image-Datei abgespeichert.

Das erstellte Image kann anschließend dazu benutzt werden, um beliebig viele microSD-Karten weiterer Raspberry Pis zu bespielen (siehe Abb. 3.16).

Die Verwendung von Images erspart viel Zeit in der Vorbereitung. Zudem erhält man durch ein Image eine Sicherungskopie des gesamten Systems. Im Falle eines unerwarteten Datenverlustes kann ohne großen Aufwand auf das erstellte Image zurückgegriffen werden.

Im Anhang Abschn. 9.1 wird das Erstellen und das Verwenden von Images mithilfe der Software „Win32DiskImager" genauer erläutert. Hierzu wird mit Hilfe von Abbildungen Schritt für Schritt erklärt, wie eine solche Image-Datei erstellt und letztlich verwendet werden kann, um weitere RPis damit zu bespielen.

Wir haben eine funktionsfähige image-Datei erstellt, die wir Ihnen als Download über den Dozenten-Service des Springer-Verlags zur Verfügung stellen.

3.2.4 Einrichten der IP-Adressen der RPis

Da wir unsere MicroBerry-Lernumgebung in einem Netzwerk nutzen wollen, benötigen die verschiedenen RPIs jeweils eine unterschiedliche IP-Adresse. Im Folgenden wird exemplarisch gezeigt, wie den RPis in einem WLAN statische IP-Adressen zugewiesen werden können. Um ein WLAN aufzubauen, benötigt man einen WLAN-Router oder einen entsprechenden Access-Point. Dieser ermöglicht die Kommunikation im internen Netzwerk und kann dieses außerdem mit einem externen Netzwerk, zum Beispiel dem Internet, verbinden. Für die interne Kommunikation muss jedem RPi eine eindeutige

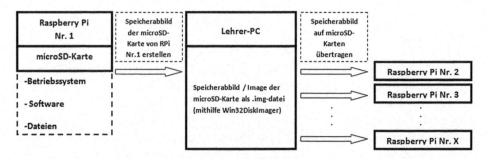

Abb. 3.16 Prinzip bei der Erstellung einer Image-Datei

3.2 Software

IP-Adresse zugeteilt werden. Dies kann zum einen über einen DHCP-Server erfolgen, der vom Router zur Verfügung gestellt werden kann. Dabei werden den RPIs (Clients) dynamisch passende IP-Adressen automatisch zugewiesen. Nachteilig kann dabei sein, dass einem Client im Laufe mehrerer Anmeldungen unterschiedliche IP-Adressen zugewiesen werden können. Deshalb haben wir uns für die Vergabe von statischen IP-Adressen entschieden, die man jedem Client einzeln zuordnen muss, dafür ist dann aber jedem Client immer dieselbe IP-Adresse zugeordnet, so dass es beim Zugriff auf die RPis über VNC zu keinen Verwechslungen kommen kann, d. h. mit der gleichen IP-Adresse auch immer auf den gleichen Rechner zugegriffen wird.

Um eine statische IP-Adresse einzurichten, sind folgende Schritte notwendig:

Man benötigt zunächst die interne IP-Adresse des Routers. Sollte man diese nicht parat haben, kann man sie zum Beispiel mit dem Befehl „netstat" ermitteln (vgl. Ionos 2019). Man gibt hierzu im Terminalprogramm Folgendes ein:

- netstat -r -n

Man erhält danach die in Abb. 3.17 dargestellte Bildschirmausgabe.

Die IP-Adresse unter „Router" *192.168.42.3* ist die IP-Adresse des Routers, die für die Konfiguration im nächsten Schritt benötigt wird. Außerdem wird die sogenannte Subnetzmaske angezeigt: 255.255.255.0. Alle Clients, die mit dem Router kommunizieren möchten, müssen sich im gleichen Subnetz befinden (Näheres hierzu zum Beispiel bei itslot.de 2019). Dies bedeutet, dass bei jedem Client die ersten drei Zahlen 192.168.42 der IP-Adresse gleich sein müssen und die vierte Zahl jeweils verschieden von der Router-Adresse und allen anderen Clients.

Mit dem folgenden Befehl öffnet man die DHCP-Client-Konfigurationsdatei „dhcpcd.conf" auf dem Client.

- sudo nano /etc/dhcpcd.conf

Die Abb. 3.18 zeigt beispielhaft den Inhalt der Datei dhcpcd.conf.
Daraufhin ergänzt man die DHCP-Client-Konfigurationsdatei um die folgenden Angaben:

- „interface wlan0" gibt an, welches Netzwerk konfiguriert werden soll.
- „static ip_address= XXX.XXX.X.XXX/24" legt die gewünschte IP-Adresse fest. In diesem Beispiel bekommt der RPi zu jedem Zeitpunkt 192.168.43.100 als IP-Adresse zugewiesen. Die 24 steht für die Subnetzmaske 255.255.255.0, die ja binär mit 24 Einser und 8 Nullen dargestellt werden kann.

```
pi@washfielderpi:~ $ netstat -r -n
Kernel-IP-Routentabelle
Ziel             Router          Genmask         Flags   MSS Fenster irtt Iface
192.168.42.0     192.168.42.3    255.255.255.0   U         0 0          0 wlan0
```

Abb. 3.17 Der Befehl „netstat"

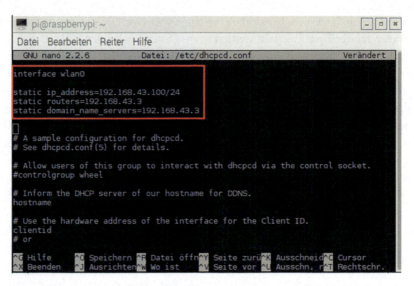

Abb. 3.18 Konfiguration der DHCP-Client-Datei „dhcpcd.conf"

- Bei „static routers=XXX.XXX.X.X" wird die zuvor ermittelte IP-Adresse des Routers eingegeben.
- Auch bei „static domain_name_servers=XXX.XXX.X.X" wird die IP-Adresse des Routers eingetragen.

Nachdem die Änderungen an der Konfigurationsdatei erledigt und abgespeichert sind, wird abschließend das Netzwerkdienstprogramm mit diesem Befehl neu gestartet:

- `sudo /etc/init.d/networking restart`

Nun wird dem RPi stets die gewünschte IP-Adresse zugewiesen.

3.2.5 Einrichten des Kommunikationsnetzwerks

Die MicroBerry-Lernumgebung besteht unter anderem aus mehreren RPis, die miteinander vernetzt sind (siehe Abschn. 3.1.5). Diese Vernetzung ist zwar nicht zwingend notwendig, bietet aber einige Vorteile. Insbesondere richten wir auf den RPis Netzwerkspeicher ein, über die ein schneller Datenaustausch möglich wird. Die Lehrkraft kann damit nicht nur den Schülerinnen und Schülern schnell Dateien zur Verfügung stellen, sondern zum Beispiel auch die Dateien der Lernenden effektiv und übersichtlich sichern. Außerdem nutzen wir die Möglichkeit mit „Virtuell Network Computing (VNC)" Fernzugriff auf die RPis der Schülerinnen und Schüler zu bekommen. Damit können die Lernenden

3.2 Software

zum Beispiel Programmcode oder selbst erstellte Programmablaufpläne etc. vom eigenen Rechner aus über einen zentralen Beamer den Mitlernenden präsentieren. Sowohl Netzwerkspeicher als auch VNC werden im Folgenden näher erläutert.

3.2.5.1 Netzwerkspeicher

Selbstverständlich lassen sich beispielsweise mit Hilfe eines USB-Sticks Dateien zwischen verschiedenen RPis beziehungsweise Nutzern austauschen. Bei einer größeren Anzahl an Rechnern ist das aber sehr umständlich und zeitraubend. Effektiver ist es, Dateien direkt und schnell über ein Netzwerk austauschen zu können. Dies lässt sich zum Beispiel mit einem sogenannten NAS (Netzwerkspeicher beziehungsweise „Network Attached Storage") erreichen. Beim Einrichten der RPis können alle Geräte mit einem NAS versehen und dieser entsprechend konfiguriert werden (vgl. Stahl 2017). Damit bekommt man als Lehrkraft zusätzlich die Möglichkeit, mithilfe eines Laptops/ PCs (mit Windows-Betriebssystem) alle vorhandenen Netzwerkspeicher im Netzwerk zu erkennen und auf sie zuzugreifen. Das heißt, die Schülerinnen und Schüler können ihre eigenen Dateien im NAS ihres RPis ablegen und der Lehrkraft zur Verfügung stellen. Zusätzlich lassen sich die NAS so konfigurieren, dass die Schülerinnen und Schüler nicht auf die Netzwerkspeicher anderer RPis beziehungsweise auf die Dateien anderer Nutzer zugreifen können. Im Unterschied dazu kann man zum Beispiel der Lehrkraft Zugriff auf alle Netzwerkspeicher der einzelnen RPis im Netzwerk gewähren. Damit kann sie beispielsweise Dateien auf den einzelnen Netzwerkspeichern der RPis ablegen und hat zugleich Zugriff auf die von den Schülerinnen und Schülern eingestellten Dateien. Um Dateien im Netzwerkspeicher abzulegen, werden diese einfach in einen dafür vorgesehen Netzwerkordner kopiert beziehungsweise abgespeichert (vgl. Karres 2014). Im Folgenden wird eine detaillierte Anleitung zur Einrichtung eines Netzwerkspeichers gegeben.

Einrichten eines „Network Attached Storage" auf dem RPi
Um einen Ordner im Netzwerk freizugeben, müssen die folgenden Schritte durchgeführt werden. Die dazugehörigen Befehle werden im LXTerminal eingegeben.

Samba installieren (falls noch nicht in der Grundkonfiguration geschehen Abschn. 3.2.2.3)
sudo apt-get install samba samba-common-bin
Samba-Benutzer anlegen
sudo smbpasswd –a pi
Rechtezuweisung für Benutzer und der Gruppe pi
sudo chown –R pi pi „Pfad des Netzwerkordners"
Konfigurationsdatei von Samba einrichten
sudo nano /etc/samba/smb.conf

An das Ende der Datei wird Folgendes eingegeben (siehe Abb. 3.19):

- Bei „*path*" wird der gewünschte Pfad angegeben beziehungsweise der Pfad des Netzwerkordners eingetragen.
- Mit „*writeable*" kann der Ordner freigegeben werden, um darauf Dateien bearbeiten und speichern zu können.
- „*guest ok = yes*" sorgt dafür, dass keine gesonderte Anmeldung beim Nutzen des Ordners notwendig ist.
- „*force user = pi*" gibt allen Leuten, die auf den Ordner zugreifen, die Rechte des Users pi.

Sobald die Konfigurationsdatei bearbeitet wurde, muss der Samba-Server neu gestartet werden.

- sudo service smbd restart

Nun kann über einen PC mit Windows-Betriebssystem auf den freigegebenen Ordner des RPi zugegriffen werden. Dieser wird unter „Netzwerk" aufgeführt (siehe Abb. 3.20).
Es bietet sich zudem an, eine Verknüpfung zum freigegebenen Ordner auf dem Desktop des RPi zu erstellen, um einen schnellen Zugriff auf ihn zu ermöglichen.

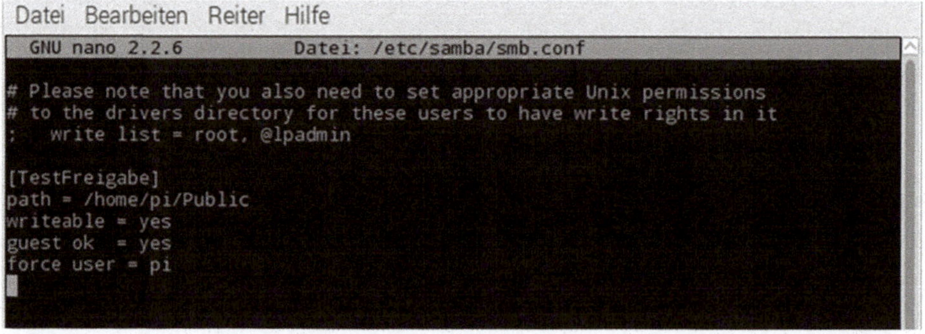

Abb. 3.19 Konfigurationsdatei von Samba

Abb. 3.20 Netzwerkzugriff mit Windows-Rechner

3.2.5.2 VNC

VNC) ist eine auf Raspbian vorinstallierte Software, mit der man in einem Netzwerk (LAN oder WLAN) eine „Remotedesktop-Verbindung" aufbauen kann. Diese ermöglicht dann den Fernzugriff eines Rechners (VNC-Viewer) auf den Desktop eines anderen Rechners (VNC-Server) (vgl. Raspberry Pi Foundation 2017).

Nützlich ist eine solche Fernsteuerung zum Beispiel dann, wenn der fernzusteuernde RPi ohne Monitor betrieben wird. Vorstellbar wäre dies beispielsweise bei einem mobilen RPi-Projekt, bei dem der RPi zur Steuerung eines kleinen Fahrzeugs verwendet würde.

Wir nutzen VNC vor allem als praktische Möglichkeit, die Desktopoberfläche der RPis der Schülerinnen und Schüler auf dem Rechner der Lehrkraft zu projizieren und diese bei Bedarf über einen Beamer für alle im Plenum sichtbar zu machen.

Zunächst öffnet man „VNC-Server" auf dem einen (in der Regel RPi Schülerin/ Schüler) und „VNC-Viewer" auf dem anderen Rechner (in der Regel Lehrerin-/Lehrer-PC). Durch die Eingabe der IP-Adresse des Computers, auf dessen Desktopoberfläche man zugreifen möchte, lässt sich eine Remotedesktopverbindung zwischen beiden Rechnern aufbauen. Sowohl eine Remotedesktopverbindung zwischen RPi und RPi als auch zwischen Windows-Computer und RPi ist hierbei möglich. Ist die Verbindung aufgebaut, wird der Desktop des anderen Rechners angezeigt und kann ferngesteuert werden.

Besonders praktisch bei VNC ist, dass sich die Remotedesktopverbindungen der einzelnen RPis abspeichern lassen. Sofern die RPis über statische IP-Adressen verfügen, müssen diese einmalig eingetragen werden. Im Laufe des Unterrichts kann nun jederzeit auf einen beliebigen RPi-Desktop zugegriffen werden. Im Folgenden wird die Verwendung von VNC detailliert beschrieben.

Verwendung von VNC

Sowohl VNC-Server als auch VNC-Viewer sind auf dem Betriebssystem „Raspbian" vorinstalliert. Beide werden benötigt, um eine Remotedesktopverbindung aufzubauen. Beide Rechner müssen sich dabei logischerweise im selben Netzwerk befinden. Der Rechner, auf dessen Desktop zugegriffen werden soll, muss das Programm „VNC-Server" geöffnet haben. Das Programm zeigt die IP-Adresse des Rechners an (siehe Abb. 3.21).

Der Rechner, mit welchem man zugreifen möchte, muss das Programm „VNC-Viewer" öffnen. Nun kann über „Datei → Neue Verbindung" eine Remotedesktopverbindung zu einem anderen Rechner eingerichtet werden. Als nächstes öffnet sich ein Fenster, in das die IP-Adresse des zu steuernden Rechners eingetragen wird. In dem Beispiel, das in Abb. 3.22 dargestellt ist, besitzt dieser die IP-Adresse 1192.168.1.35. Zudem lässt sich der Remotedesktopverbindung ein beliebiger Name zuweisen, hier „Raspberry Pi Gruppe 1".

Nachdem die Eingaben getätigt wurden, wird der zu steuernde Rechner in der Übersicht von „VNC-Viewer" angezeigt. Um nun auf einen Rechner zuzugreifen, klickt man als nächstes auf das jeweilige Symbol und gibt die Daten zur Authentifizierung an (siehe Abb. 3.23). Standardmäßig sind diese bei „Raspbian" folgende:

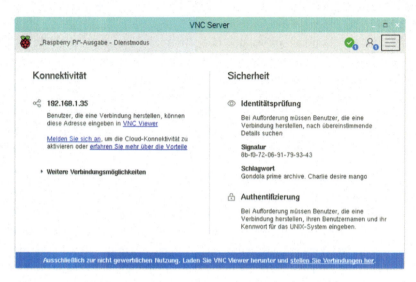

Abb. 3.21 VNC-Server mit Anzeige IP-Adresse

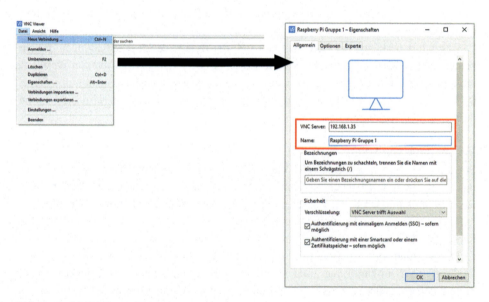

Abb. 3.22 VNC-Viewer Verbindung aufbauen

3.2 Software

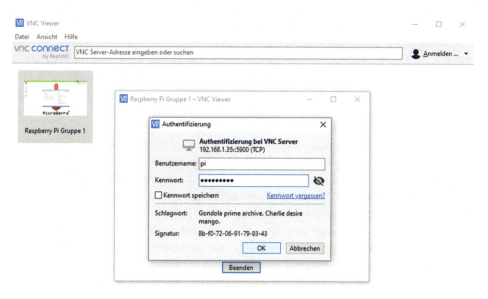

Abb. 3.23 VNC-Viewer Authentifizierung

Benutzername: pi
Kennwort: raspberry

Letztlich bekommt man den Desktop des zu steuernden Rechners angezeigt und kann auf ihm arbeiten.

3.2.6 Die Programmiersprache Scratch

Scratch ist eine objektorientierte visuelle Programmiersprache, die am MIT Media Lab von der „Lifelong Kindergarten Forschungsgruppe" unter Leitung von Mitchel Resnick entwickelt wurde. Das Programmieren in Scratch erfolgt im Vergleich zu anderen textuellen Programmiersprachen sehr intuitiv. Ziel der Entwickler war es, eine Programmierumgebung zu entwickeln, die dazu geeignet ist, vor allem Kindern und Jugendlichen Grundkonzepte der Programmierung möglichst spielerisch zu vermitteln (vgl. Maloney et al. 2008).

> „A key goal of Scratch is to introduce programming to those with no previous programming experience". (Maloney et al. 2010, S. 3)

Scratch ist also speziell für Programmieranfänger ausgelegt und versucht dabei den Forderungen Seymour Paperts, dem Entwickler der Programmiersprache Logo, gerecht zu werden. Er war der Ansicht, eine geeignete Programmiersprache benötige für den Einsatz im Bildungsbereich einen „low floor" und „high ceilings", was bedeutet, dass eine Programmiersprache dem Lernenden einen einfachen Einstieg ermöglichen müsse und zugleich für komplexere Programmiervorhaben offen sein sollte. Resnick et al. (2009) ergänzten als weitere Anforderung für Scratch den Aspekt der „wide walls".

Das bedeutet, dass Lernenden nach einem einfachen Einstieg in eine Programmiersprache mehrere Wege angeboten werden sollten, um ihre Expertise im Programmieren verbessern zu können. Getreu dem Motto „Viele Wege führen nach Rom" wurde auch bei Scratch versucht, viele verschiedene Möglichkeiten der Programmierung offen zu halten. So kann man beispielsweise die Grundprinzipien des Programmierens durch das Ansteuern einer LED, dem Programmieren einer Melodie oder durch das Entwickeln eines kleinen Computerspiels erlernen. Der Kreativität des Lernenden sind dabei kaum Grenzen gesetzt und ein interessengeleitetes Umsetzen von eigenen Projekten wird ermöglicht. Somit ist Scratch auch im Unterricht flexibel einsetzbar. Scratch wird diesen Anforderungen gerecht, indem bei dessen Planung drei Grundprinzipien befolgt wurden.

„Make it more tinkerable, more meaningful, and more social than other programming environments". (Resnick et al. 2009, S. 65)

Dies macht sich zum einen im Aufbau der Entwicklungsumgebung (kurz IDE) bemerkbar, zum anderen auch in der Art und Weise, wie man mit Scratch letztlich programmiert.

IDE – integrated development environment (Integrierte Entwicklungsumgebung).

Auf „Raspbian" ist Scratch 1,4 bereits als IDE vorinstalliert. Eine Besonderheit von Scratch 1,4 ist die Möglichkeit, die GPIOs des RPi mithilfe eines GPIO-Servers programmieren zu können. Da Scratch 1,4 die Zusatzplatine „Explorer HAT Pro" nicht unterstützt, verwenden wir die momentan aktuelle Version namens „ScratchGPIO8Plus" (Installation siehe Abschn. 3.2.2.3). Grundsätzlich unterscheidet sich diese Version vom Aufbau und den Funktionen lediglich geringfügig zum vorinstallierten Scratch 1,4. Bei der IDE von Scratch handelt es sich um ein „Single-Window User Interface". Hierbei wurde darauf Wert gelegt, dass alle relevanten Komponenten für den Nutzer stets sichtbar in einem Fenster angezeigt werden, um die Navigation im Programm zu erleichtern (vgl. Maloney et al. 2010). Abb. 3.24 zeigt das User-Interface der Scratch-IDE, das sich in fünf Bereiche aufteilt.

Der obere Bereich (1) ist ähnlich zu anderen Standardanwendungen (z. B. Tabellenkalkulationsprogramme) und enthält grundlegende Programmfunktionen wie das Abspeichern und Laden von Dateien, dem Importieren anderer Projekte oder das Rückgängigmachen bereits getätigter Arbeitsschritte. Speziell bei Scratch 1,4 beziehungsweise ScratchGPIO8Plus findet sich unter dem Reiter „Bearbeiten" die Funktion „Start GPIO Server", womit das Programm Zugriff auf die GPIO-Pins des RPi erhält. Eine weitere

3.2 Software

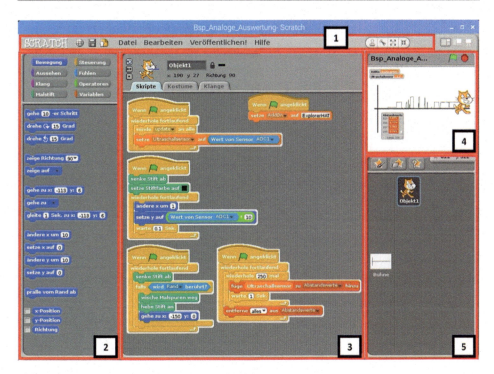

Abb. 3.24 Programmierumgebung ScratchGPIO8Plus

Besonderheit bei der IDE von Scratch ist die Möglichkeit, erstellte Projekte online zu veröffentlichen und mit anderen Menschen zu teilen.

Der linke Bereich (2) ist die Funktionsblock-Palette, in welcher sich alle Funktionsblöcke befinden, die für die Programmierung zur Verfügung stehen. Für eine bessere Übersichtlichkeit wurden die Funktionsblöcke, abhängig von ihrer Funktion, in einzelne Kategorien unterteilt. Dadurch hat man beim Programmieren nahezu alle Funktionsblöcke im Überblick. Zudem kann man mithilfe der allgemein verständlichen Bezeichnungen der einzelnen Blöcke, ohne jegliche Vorkenntnisse über Syntax oder Semantik der Programmiersprache, direkt auf ihre Funktionen schließen. Auch die einzelnen Kategorien sind verständlich und geben eine grobe Vorstellung darüber, welche Funktionsblöcke darin enthalten sind. Alle Funktionsblöcke einer Kategorie sind mit einer bestimmten Farbe gekennzeichnet. So besitzen beispielsweise alle aus der Kategorie „Steuerung" die Farbe Gelb. In Tab. 3.3 sind die verschiedenen Blocktypen exemplarisch aufgeführt.

Im mittleren Bereich (3) erfolgt das eigentliche Programmieren. Hier werden die Funktionsblöcke für ein programmierbares Objekt (Sprite) zu einzelnen Skripts zusammengesetzt. Daher wird dieser Bereich auch „Scripting-Area" genannt (vgl. Maloney et al. 2008). Jedes Objekt lässt sich dabei separat voneinander programmieren. Beispielsweise ist in Abb. 3.24 die Katze namens „Objekt1" als Sprite ausgewählt. Sie lässt sich im mittleren Bereich mit den dazugehörigen Funktionsblöcken programmieren. Die Funktionsblöcke

Tab. 3.3 Verschiedene Typen von Funktionsblöcken in Scratch (vgl. Maloney et al. 2010)

(Wenn Taste Leertaste gedrückt, Wenn ich empfange, Wenn angeklickt, Wenn Sprite1 angeklickt)	***Kopf-Blöcke*** Über Kopf-Blöcke können einzelne Skripte von Sprites gestartet werden.
(gehe 10 -er Schritt, warte bis, ändere x um 10, warte 1 Sek.)	***Stapel-Blöcke*** Diese Blöcke lassen sich zu Sequenzen aufeinander „stapeln".
(Wert von Sensor Regler, Zufallszahl von 1 bis 10, x-Position)	***Wert-Blöcke*** Diese Blöcke können Werte (Zahl, Zeichenkette) zurückgeben.
(◇ < ◇, ◇ und ◇, Taste Leertaste gedrückt?)	***Wahrheits-Blöcke*** Der Wahrheits-Block kann die Werte „true" oder „false" zurückgeben.
(wiederhole fortlaufend, wiederhole fortlaufend, falls)	***Klammer-Blöcke/Steuerungs-Blöcke*** Mit ihnen können bestimmte Befehle beliebig oft wiederholt beziehungsweise nur unter einer bestimmten Bedingung wiederholt werden.
(stoppe dieses Skript, stoppe alles)	***Abschluss-Blöcke*** Mithilfe der Abschlussblöcke lassen sich einzelne oder auch alle aktuell laufenden Skripte eines Projektes stoppen.

werden dazu per Drag & Drop aus der Funktionsblock-Palette gezogen und wie LEGO®-Bausteine miteinander verbunden. Ein Großteil der Funktionen einzelner Blöcke ist von Parametern abhängig. Über die Parameter lassen sich einzelne Funktionsblöcke somit zusätzlich anpassen.

Die Skripte in Abb. 3.24 starten, sobald der jeweilige Kopf-Block per Maus angeklickt wird. Hier gibt es verschiedene Möglichkeiten beziehungsweise unterschiedliche Kopf-Blöcke, um ein Skript letztlich zu starten. Zum Beispiel lässt sich ein Skript mit einem entsprechenden Kopf-Block auch durch das Drücken einer bestimmten Keyboard-Taste starten.

Sind Funktionsblöcke unter einem „Kopf-Block" miteinander verbunden, handelt es sich um ein Skript. Grundsätzlich kann man ein Skript in Scratch auch als Programm bezeichnen.

3.2 Software

Beispiel

In Abb. 3.24 ist ein Beispielprojekt zu sehen, welches analoge Messwerte eines Ultraschallsensors ermittelt und auf einem Koordinatensystem über die Zeit aufträgt. Die Beschaltung unter Nutzung des Explorer HAT Pro ist in der folgenden Abbildung dargestellt. Im Programm wurde beispielsweise der Parameter für die Anzahl der Schleifenwiederholungen auf die Zahl 250 gesetzt.

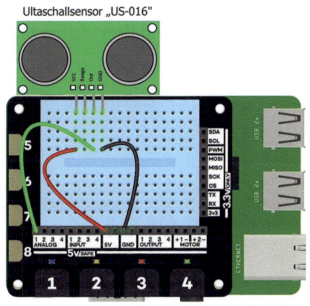

Der Bereich rechts oben (4) ist die sogenannte „Bühne". In diesem Bereich führen die programmierten Sprites ihre Aktionen aus. Auf der Bühne können neben Sprites auch Listen oder Variablen beziehungsweise Werte von Variablen angezeigt werden (siehe Abb. 3.25). Im hier verwendeten Beispiel stellt die Bühne ein Koordinatensystem dar. Der Sprite „Objekt1" bewegt sich auf der Bühne entlang der x-Achse und zeichnet im zeitlichen Abstand von 0,1s die Werte des Ultraschallsensors auf. Zusätzlich werden die Messwerte im Abstand von einer Sekunde auf der Liste „Abstandswerte" festgehalten. Der jeweils aktuelle Variablenwert wird auf der Variablenanzeige „Ultraschallsensor" angezeigt. In Scratch können die drei Datentypen „string", „boolean" und „number" als Variablenwerte verwendet werden (vgl. Maloney et al. 2010).

Rechts unten (5) werden alle Bühnen und Sprites nochmals im Überblick dargestellt. In diesem Bereich lassen sich die einzelnen Objekte auswählen. Zudem lassen sich hier eigene Bühnen und Sprites erstellen und bearbeiten.

Die Variablen eines Skripts sind zunächst nur innerhalb eines Sprites sichtbar. Mithilfe des „Sende X an alle"-Funktionsblocks wird die Kommunikation unter Sprites ermöglicht. Auf diese Weise lassen sich auch die GPIO-Pins mit Scratch programmieren.

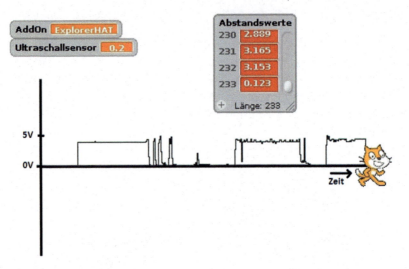

Abb. 3.25 Bühne des Beispielprojekts „Analoger Ultraschallsensor"

Abb. 3.26 Befehle zur Steuerung der GPIO-Pins

Beispielsweise lassen sich in einem Skript mit den Befehlen aus Abb. 3.26 GPIO-Pins als Input oder Output definieren oder ihre Zustände auf „High" oder „Low" festlegen.

Die wichtigsten Scratch-Befehle für die Verwendung der GPIO-Pins des RPi sowie der Verwendung des Explorer HAT Pro sind im Folgenden aufgeführt und beschrieben.

3.2.6.1 Befehle zur Verwendung der GPIO's in Scratch[3]
GPIO-Server starten
Um Zugriff auf die GPIO-Pins des RPi zu erhalten, muss in der Entwicklungsumgebung von Scratch unter dem Reiter „Bearbeiten" „Start GPIO Server" angeklickt werden oder in den „sende an alle – Block" „gpioserveron" eingetragen werden!

---

[3] Alle Befehle sind von der offiziellen Raspberry Pi Seite entnommen. Näheres dazu unter: https://www.raspberrypi.org/documentation/usage/scratch/gpio/README.md. Zugegriffen am 05.05.2017.

3.2 Software

GPIO-Pins als Output oder Input definieren
Im nächsten Schritt müssen die GPIO-Pins, die verwendet werden sollen, als Ausgang (Output) oder Eingang (Input) konfiguriert werden.

config + GPIO Nummer + [out | in]

Zustände eines Output-Pins bestimmen
Wurde ein GPIO als Ausgang konfiguriert, kann er mit dem nachfolgenden Befehl auf High- oder Low-Signal gesetzt werden.

gpio + GPIO-Nummer + [low | high]

In Abhängigkeit des Zustands eines Input-Pins lassen sich zum Beispiel Skripte starten oder Bedingungen für Verzweigungen realisieren.

Starten eines Skripts über den Zustand eines Input-Pins
gpio + GPIO-Nummer + [low | high]

Wert eines Inputs als Bedingung

Hierzu gibt der „Wert von Sensor"-Block Vorschläge für zu verwendende Pins. Achtung! Hierbei handelt es sich um die Pin-Nummer und nicht um die GPIO-Nummer!

Pulsweitenmodulation (PWM)

Die Pulsweitenmodulation liefert am GPIO-Ausgang eine Rechteckspannung, deren Tastgrad über die Software eingestellt werden kann (siehe nachfolgende Abbildung). Damit kann man z. B. angeschlossene LEDs dimmen, Drehzahlregelungen für Motoren realisieren oder Servomotoren ansteuern. Der Raspberry Pi stellt an GPIO18 eine hardwaregenerierte Pulsweitenmodulation zur Verfügung. An den anderen GPIO-Pins können nur softwaregenerierte PWMs realisiert werden. Der Vorteil der hardwaregenerierten PWM liegt im Vergleich zur softwaregenerierten PWM in einer wesentlich schnelleren Taktfrequenz und einer präziseren Taktsteuerung (vgl. Dixon 2013). Möchte man zum Beispiel Musik über einen Lautsprecher generieren, der an einem GPIO-Pin angeschlossen ist, funktioniert dies nur an dem hardwaregenerierten PWM-Signal von GPIO18 (siehe Abschn. 5.4).

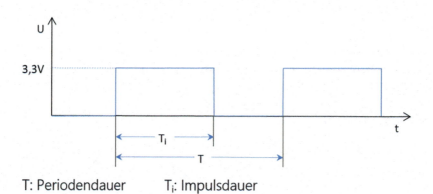

T: Periodendauer T_i: Impulsdauer

$$\text{Tastgrad} = \frac{T_i}{T}$$

3.2 Software

Der nachfolgend aufgeführte Befehl erzeugt ein PWM-Signal am angegebenen GPIO. Der Tastgrad lässt sich dabei von Wert 0 bis zum Wert 1024 einstellen. 0 bedeutet dabei ein kontinuierliches Low-Signal und 1024 ein dauerhaftes High-Signal am entsprechenden GPIO.

gpio + GPIO-Nummer + pwm + (0 ... 1024)

`sende gpio18pwm400 an alle`

Ansteuern eines Servomotors

Servomotoren werden ebenfalls über eine Pulsweitenmodulation angesteuert. Je nach Tastgrad des Rechtecksignals reagiert der Servo mit einer entsprechenden Auslenkung. Handelsübliche Servos haben dabei meist einen Auslenkungswinkel im Bereich von −90° bis +90°, also insgesamt 180°.

Mit dem nachfolgenden Befehl wird die entsprechende Auslenkung prozentual angegeben. Bei einem Servo mit einem Auslenkungsbereich von 180° würde die Angabe: „servo18%50" die Achse des Servos um 45° in die positive Richtung bewegen.

servo + GPIO-Nummer + % + (−100 ... 100)

`sende servo18%50 an alle`

3.2.6.2 Einbinden einer Kamera in Scratch

Der Raspberry Pi besitzt einen CSI-Anschluss (Camera Serial Interface) on board, an dem man spezielle Raspberry-Pi-Kamera-Module anschließen kann (siehe Abschn. 3.1.3). Hat man in der Grundkonfiguration die Kamera aktiviert (siehe Abschn. 3.2.2) kann man diese nach dem Einstecken (siehe Abb. 3.27) direkt verwenden (Plug & Play). In Scratch kann man das aktuelle Kamerabild in einem seperaten Fenster dauerhaft anzeigen lassen (siehe Abb. 3.28). Hierzu wählt man die „Bühne" aus und im Reiter „Hintergründe" klickt man einfach auf „Kamera". Auch das Erzeugen von Schnappschussbildern ist einfach möglich.

3.2.6.3 Scratch-Befehle zur Verwendung des Explorer HAT Pro

Damit der „Explorer HAT Pro" in Kombination mit Scratch verwendet werden kann, muss die dazugehörige Bibliothek mithilfe des Skripts für jedes Projekt einmalig importiert werden. Danach stehen alle Funktionen der Zusatzplatine zur Verfügung. Nun können analoge und/oder digitale Sensorwerte mit dem „Explorer HAT Pro" ermittelt werden. Zudem können die Funktionen „Output" und „Motor" mit entsprechenden Funktionsblö-

Abb. 3.27 Kamera-Modul angeschlossen am Raspberry Pi

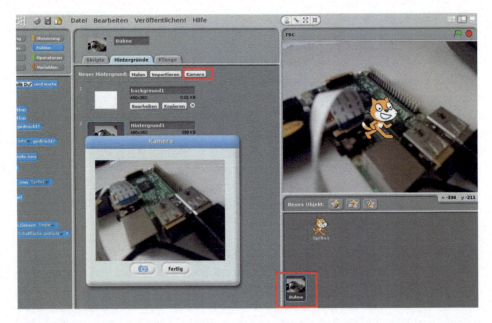

Abb. 3.28 Screenshot – Einbindung einer Kamera in Scratch

3.2 Software

cken verwendet werden. Alle Befehle für die Verwendung des „Explorer HAT Pro" werden im Folgenden erläutert.

Importieren der „Explorer HAT Pro"-Bibliothek in Scratch:

Ansteuerung von Motoren
Der Befehl, um einen Motor mit dem Explorer HAT Pro zu betreiben, setzt sich allgemein wie folgt zusammen:

motor + Motor-Nummer (1 | 2) + speed + (0 ... 100)

Verwendung der Touchpads
touch + Touch-Nummer (1 ... 8)
touchreset + Touchreset-Nummer (1 ... 8)

▶ *Achtung!* Das Touchpad muss nach jeder einzelnen Verwendung resettet werden! Ansonsten kann dieses nicht weitergenutzt werden!

Steuern der Outputs
output + Output-Nummer (1 ... 4) + [on | high | off | low]

Steuern der LEDs
led + LED-Nummer (1..4) +[on | high | off | low]

Notwendiger Funktionsblock zur Auswertung der digitalen/analogen Inputs
Hierzu sind im Funktionsblock „Wert von Sensor" die Vorschläge ADC beziehungsweise Input 1–4 zu finden. Diese können nach dem Auswählen direkt verwendet werden.

3.2.6.4 Die Programmiersprache Scratch im Anfangsunterricht

Im Unterschied zu anderen Programmiersprachen muss Scratch nach dem Programmieren nicht zuerst kompiliert werden. Skripte oder einzelne Blöcke können jederzeit durch Anklicken direkt ausgeführt werden. Selbst das Hinzufügen weiterer Blöcke oder das Verändern von Parametern ist während des laufenden Skripts möglich. Dadurch kann man beim Programmieren einfach mit verschiedenen Blöcken herumexperimentieren. Lernende bekommen dadurch direktes Feedback über die Auswirkungen von Programmänderungen. Zudem sind aktuell laufende Skripte hell umrandet. Somit erhält man zusätzlich eine visuelle Information über die aktuell aktiven Programmblöcke. Auch Variablen und Listen sind in Scratch, insofern sie nicht bewusst ausgeblendet sind, stets sichtbar.

Syntax- und Semantikfehlermeldungen sind bei Scratch nahezu ausgeschlossen. Die Form der Funktionsblöcke gibt vor, welche Blöcke miteinander verbunden werden können und welche nicht. Zudem führen nicht verwendete Funktionsblock-Fragmente in der „Scripting-Area" zu keiner Fehlermeldung. Somit können Skripte auch im unfertigen Zustand auf ihre Funktion getestet und gegebenenfalls verbessert werden. Dies führt einerseits zu schnellen funktionsfähigen Programmen, kann aber andererseits auch einem tieferen Verständnis entgegenwirken (vgl. Engbring 2017).

Bei der Installation des Betriebssystems Raspbian auf dem RPi wird neben Scratch standardmäßig auch die Programmiersprache Python installiert. Python gilt ebenfalls als leicht zu erlernende Programmiersprache für den Anfangsunterricht (vgl. Richardson und Wallace 2013). Wir stellen im Folgenden Python als mögliche Alternative zu Scratch vor.

3.2.7 Die Programmiersprache Python

3.2.7.1 Einführung

Python ist, wie Scratch, eine Interpreter-Sprache, so dass ein Programm direkt ausgeführt werden kann, ohne es kompilieren zu müssen. Im Unterschied zu Scratch ist Python eine textorientierte Programmiersprache, d. h. das Programm muss Zeile für Zeile nach vorgegebenen Regeln in Textform eingegeben werden. Der Raspberry Pi hat standardmäßig zwei IDLE-Versionen von Python vorinstalliert (Python 2 und Python 3). IDLE steht für Integrated Development Environment und ist eine, besonders für Anfänger geeignete, Benutzeroberfläche. Besonderer Vorteil hierbei ist es, dass die Python-IDLE eine Shell (Kommandozeileninterpreter) und einen Editor vereinigt. Es gibt prinzipiell zwei Möglichkeiten, ein Programm auszuführen. Zum einen kann man in der Shell Befehle einzeln ausführen oder sein Programm als Skript in der Kommandozeile aufrufen und ausführen. Der wesentliche Unterschied ist der, dass die Befehle in der IDLE viel langsamer abgearbeitet werden als beim Aufruf über die Kommandozeile (Richardson und Wallace 2013).

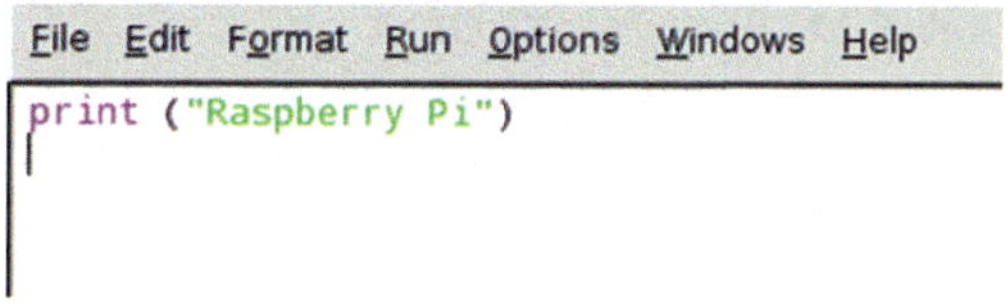

3.2 Software

Abb. 3.29 Python Editor

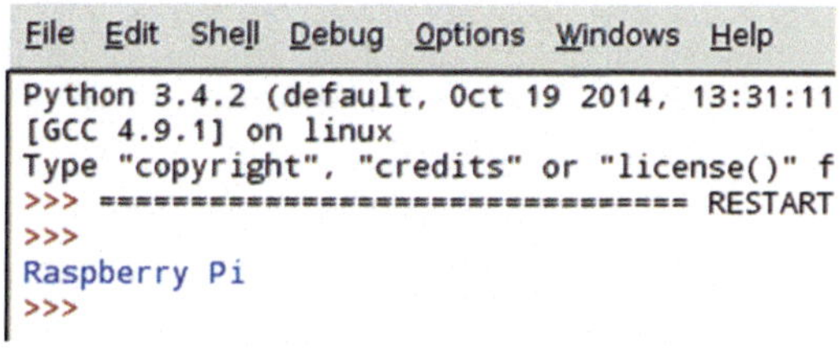

```
File  Edit  Format  Run  Options  Windows  Help
print ("Raspberry Pi")
```

Abb. 3.30 Python Shell

```
File  Edit  Shell  Debug  Options  Windows  Help
Python 3.4.2 (default, Oct 19 2014, 13:31:11
[GCC 4.9.1] on linux
Type "copyright", "credits" or "license()" f
>>> ================================ RESTART
>>>
Raspberry Pi
>>>
```

Das Beispiel in Abb. 3.29 und 3.30 zeigt die Unterscheidung zwischen Shell und Editor. Im Editor wird das Programm geschrieben (Abb. 3.29).

Die Ausgabe erscheint in einem neuen Fenster (Python Shell, Abb. 3.30).

Um ein neues Programm in Python zu schreiben, öffnet man Python und klickt Datei-New File an. Es öffnet sich der Editor, mit dem das Programm dann geschrieben werden kann. Denken Sie daran, das Programm regelmäßig abzuspeichern (File-Save).

Ausführen kann man das Programm unter dem Befehl Run – Run Module oder mittels der F5-Taste. Hat man nach einer Veränderung des Codes nicht erneut abgespeichert, wird man an dieser Stelle aufgefordert, das Programm zu speichern. Ohne vorheriges Speichern kann der Code nicht ausgeführt werden.

Es gibt viele Gründe, die für die Nutzung von Python im Unterricht sprechen:

- Python ist einfach und minimalistisch. Es wurde auf einige Sprachelemente, die nicht unbedingt notwendig sind, verzichtet. Das macht die Sprache weniger kompliziert (Theis 2011).
- Python hat einen interaktiven Modus. So werden das Experimentieren und Ausprobieren unterstützt.
- Es ist möglich, Module in Python einzufügen. Dadurch ist es eine sehr mächtige Programmiersprache (Theis 2011).
- Python hat eine immer weiterwachsende internationale Community. Interessierte Schülerinnen und Schüler haben so die Möglichkeit, bei Schwierigkeiten auf diese zurückzugreifen und sich auszutauschen, auch außerhalb des Unterrichts.
- Python ist eine einfach zu erlernende, aber dennoch mächtige und vollwertige Programmiersprache, die damit zum Beispiel auch als Grundlage für das Erlernen komplexerer Programmiersprachen dienen kann (vgl. QUA-LIS NRW 2018).

Abb. 3.31 Bibliothek RPi.GPIO importieren

```
import RPi.GPIO as GPIO
```

Abb. 3.32 GPIO als Output definieren und Zustände bestimmen

```
GPIO.setup(17, GPIO.OUT)

GPIO.output(17, GPIO.HIGH)
GPIO.output(17, GPIO.LOW)
```

3.2.7.2 Befehle zur Verwendung der GPIOs in Python
GPIO-Bibliothek importieren
Um die GPIOs des Raspberry Pi mit Python 3 ansteuern zu können, muss die entsprechende Bibliothek mit dem in Abb. 3.31 dargestellten Befehl importiert werden. Diese Bibliothek enthält viele Funktionen, mit denen sich die GPIOs ansteuern lassen.

Modus der GPIO-Steuerung festlegen
Der Modus legt fest, ob die GPIOs über die GPIO-Nummer oder über die physikalische Pin-Nummer angesprochen werden können. Der Befehl **GPIO.setmode(GPIO.BCM)** ermöglicht das Ansprechen der GPIOs über deren Nummer, der Befehl **GPIO.setmode(GPIO.Board)** ermöglicht entsprechend die Ansteuerung über die physikalische Pin-Nummer.

Die Bibliothek „time"
Mit dem Befehl **import time** wird die Bibliothek „time" eingebunden und Pause-Befehle wie zum Beispiel **time.sleep(.3)** können integriert werden. Der Befehl bewirkt eine Pause von 0,3 Sekunden.

GPIO als Output definieren und Zustände bestimmen
Ein GPIO kann, wie in Abb. 3.32 ersichtlich, als Ausgang (Output) oder als Eingang (Input) definiert und entsprechend angesteuert werden. In diesem Beispiel wird der GPIO 17 als Ausgang definiert. Im Anschluss daran wird an den Ausgang ein kurzes High- und anschließend ein kurzes Low-Signal gesendet.

GPIO als Eingang definieren und Zustände abfragen
Abb. 3.33 zeigt ein Programm, bei dem der GPIO 2 als Eingang definiert und das daran anliegende Signal der Variable „Eingangswert" zugewiesen wird. Im Programm wird au-

Abb. 3.33 Eingangssignal einlesen

```
import RPi.GPIO as GPIO
import time

GPIO.setmode(GPIO.BCM)
GPIO.setup(2, GPIO.IN)
zaehle = 0
while True:
    Eingangswert = GPIO.input(2)
    if (Eingangswert == True):
        zaehle = zaehle + 1
        print ("Taster" + str(zaehle) + "Mal betätigt.")
    time.sleep(.01)
```

3.2 Software

Abb. 3.34 Pulsweitenmodulation mit Python

```
GPIO.setmode(GPIO.BCM)
GPIO.setup(18, GPIO.OUT)
sound = GPIO.PWM(18, 880)

sound.start(50)
sound.ChangeFrequency(293.67)
```

Abb. 3.35 Explorer HAT Pro Bibliothek importieren

```
import explorerhat
import time
```

ßerdem die Anzahl der Tasterbetätigungen gezählt und über einen „print-Befehl" am Bildschirm ausgegeben.

Pulsweitenmodulation

Die Pulsweitenmodulation ist, wie oben bereits ausgeführt, zur Ansteuerung verschiedener Bauelemente notwendig. In Abb. 3.34 soll zum Beispiel ein Lautsprecher mit Hilfe der Pulsweitenmodulation angesteuert werden. Es wird dabei die Variable **sound** definiert. Die 18 steht dabei für den angesteuerten PWM-GPIO 18, der mit einem Rechtecksignal von 880 Hz angesteuert wird. Mit **sound.start(50)** wird das PWM-Signal auf einen Tastgrad von 50 festgelegt (Impulslänge = 50 %) und das Signal und damit der Ton ausgegeben. Mit dem Befehl **sound.ChangeFrequency(293,67)** wird die Frequenz des PWM-Signals auf 293,67 Hz geändert. Der Befehl **sound.stop**() lässt den Ton dann wieder verstummen. Darüber hinaus wird die Pulsweitenmodulation ebenfalls zur Ansteuerung von Servomotoren genutzt.

Importieren der Explorer HAT Pro Bibliothek in Python 3

Um die Zusatzplatine „Explorer HAT Pro" ansteuern zu können, müssen wir die entsprechende Bibliothek in unser Projekt importieren (siehe Abb. 3.35). Nun können alle Funktionen des Explorer HATs genutzt werden. Auf diese Weise lassen sich recht einfach die Outputs, Inputs, Touchs, Motoren und einiges mehr ansteuern. Man muss nicht zwangsläufig die Bibliothek importieren, wenn man die GPIOs direkt programmieren möchte. Hier geht man wie oben beschrieben vor. Mit Hilfe der Bibliothek lassen sich allerdings einige Funktionen recht einfach programmieren. Diese Funktionen sollen im Folgenden beschrieben werden.

Verwendung der Outputs mit dem „Explorer HAT Pro"

Mit Hilfe des „Explorer HAT Pro" lassen sich vier Outputs ansteuern (siehe Abb. 3.36).

Aufgepasst! Die Outputs, Inputs, Touchpads und LEDs sind nicht von 1–4, sondern von 0–3 durchnummeriert. Möchte man also den Output 1 ansteuern, muss man in Python „Output[0]" programmieren.

Verwendung der integrierten LEDs und der Touchpads

Abb. 3.37 und 3.38 zeigen, wie man die integrierten LEDs und die Touchpads des Explorer HAT Pro verwendet. Zunächst wird eine Funktion mit dem Namen „Touch1" definiert

Abb. 3.36 Verwendung der Outputs

```
import explorerhat
import time

explorerhat.output[0].on()
time.sleep(1)
explorerhat.output[0].off()
time.sleep(1)
```

Abb. 3.37 Funktion zur Steuerung der Touchpads und der integrierten LEDs

```
def Touch1 (channel, event):
    if event == 'press':
        explorerhat.light[0].on()
    if event == 'release':
        explorerhat.light[0].off()
```

Abb. 3.38 Ansteuerung Touchpad 1

```
explorerhat.touch[0].pressed(Touch1)
explorerhat.touch[0].released(Touch1)
```

Abb. 3.39 Gleichstrommotor

```
explorerhat.motor[0].forward(100)

explorerhat.motor.one.backward()

explorerhat.motor.one.stop()
```

(siehe Abb. 3.37). In der Funktion wird die integrierte LED 1 an-, beziehungsweise ausgeschaltet, wenn der entsprechende Parameter (press oder release) an die Funktion übergeben wird.

Aufgerufen wird die Funktion Touch1 mit Hilfe der beiden Befehle aus Abb. 3.38.

Ansteuern von Motoren

Es gibt verschiedene Möglichkeiten, Gleichstrommotoren erfolgreich anzusteuern. Die verschiedenen Varianten zeigt Abb. 3.39

Verwendung des analogen Ultraschallsensors

Die Bibliothek „ExplorerHat" bietet für das Auslesen analoger Werte den folgenden Befehl an (Abb. 3.40). Die entsprechenden Sensoren, wie zum Beispiel Wasserstandsensor, Bodenfeuchtigkeitssensor oder Poti, müssen dann natürlich an den entsprechenden analogen Eingang des ExplorerHAT Pro angeschlossen sein.

3.2.8 Flussdiagramme erstellen mit dem Programm „DIA"

Möchte man Programmabläufe planen, entwickeln und besprechen, ist die Erstellung eines Flussdiagrammes beziehungsweise eines Programmablaufplans (PAP) sinnvoll. Dabei handelt es sich grundsätzlich um eine Methode zur grafischen Darstellung von Algorithmen

3.2 Software

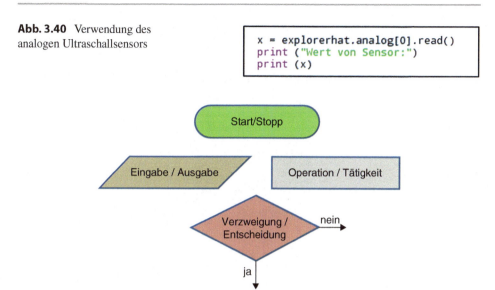

Abb. 3.40 Verwendung des analogen Ultraschallsensors

Abb. 3.41 Beispielelemente eines Flussdiagramms

beziehungsweise Programmen, wobei die genutzten algorithmischen Grundbausteine verdeutlicht werden (Buttke et al. 2014). Hierzu werden Elemente verschiedener Formen verwendet und in entsprechender Reihenfolge mit Pfeilen verbunden. Jede Form steht für eine bestimmte Operation beziehungsweise einer algorithmischen Grundstruktur (Abb. 3.41).

Dabei beginnt der Programmablauf beim Startpunkt und durchläuft nacheinander die einzelnen miteinander verbundenen Elemente. Besonders sinnvoll ist die Verwendung von Flussdiagrammen, wenn man die Funktion eines Programms unabhängig von der jeweiligen Programmiersprache für jedermann verständlich darstellen möchte. Vorwissen zu Syntax und Semantik einer bestimmten Programmiersprache ist beim Flussdiagramm zunächst nicht zwingend notwendig. Dadurch kann der Fokus als erstes auf das Lösen der eigentlichen Aufgabe, also das Entwickeln eines geeigneten Programms, gelegt werden. Insbesondere bei textbasierten Programmiersprachen wie Python stellt diese Form der Programmdarstellung eine deutliche Erleichterung beim Planen von (größeren) Programmierarbeiten dar.

Im Unterricht können Flussdiagramme als Grundlage für Diskussionen über Programme mit und unter den Schülerinnen und Schülern dienen. So sind beispielsweise Flussdiagramme eine große Hilfe für die gemeinsame Erstellung eines Programms zur Lösung eines Problems, zur Bewertung von Programmabläufen oder zum Aufzeigen grundlegender Aufgaben eines Programms. Somit ist diese spezielle Form der Visualisierungen von Algorithmen auch sinnvoll für den Unterricht. Als Beispiel ist in Abb. 3.42 das Flussdiagramm eines Blinklichts dargestellt.

Zum Erstellen solcher Flussdiagramme gibt es verschiedene Softwareprogramme, die auf Raspbian laufen. Die meisten von ihnen besitzen zahlreiche verschiedene Funktionen und sind relativ umständlich in ihrer Handhabung. „DIA" hingegen ist ein Softwareprogramm, welches sich aufgrund seiner einfachen Bedienung und seiner über-

Abb. 3.42 Flussdiagramm „Blinklicht" erstellt mit dem Programm „DIA"

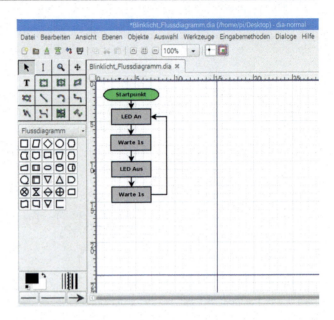

sichtlichen Oberfläche für die Verwendung im Unterricht sehr anbietet. Die Nutzung des Programms erfolgt dabei intuitiv und bedarf keiner großen Einarbeitung. Per Drag & Drop können die einzelnen Elemente in den Arbeitsbereich gezogen und per Pfeile verbunden werden. Dienlich für die Übersichtlichkeit des Flussdiagramms ist zudem die Möglichkeit, Elemente einzufärben. Beispielsweise lassen sich dadurch Startpunkt, Endpunkt, Operation, Verzweigung oder Ein- und Ausgabe farblich leichter erkennen und unterscheiden.

Literatur

Belam, M.: The Raspberry Pi: reviving the lost art of children's computer programming. In: The Guardian. Guardian News and Media Limited, 29. Februar 2012. https://www.theguardian.com/commentisfree/2012/feb/29/rasperry-pi-childrens-programming (2012). Zugegriffen am 14.09.2018

Buttke, R., Carstens, B., Engelmann, L., Langer, B., Rafelt, W.: Profilinformatik. Schwerpunkt gesellschaftliches Profil. Duden, Berlin (2014)

Digital pioneers.: Raspberry Pi: 30 spannende Projekte. https://t3n.de/news/raspberry-pi-30-spannende-projekte-434138/ (2018). Zugegriffen am 14.09.2018

Dixon, T.: Raspberry Pi Rezepte Teil 7. PWM – Hart oder weich gekocht? https://www.elektormagazine.de/files/attachment/196 (2013). Zugegriffen am 20.01.2019

Eggeling, T.: Raspberry Pi: So klappt die Installation und Einrichtung. https://www.pcwelt.de/a/raspberry-pi-so-klappt-die-installation-und-einrichtung,3443147 (2017). Zugegriffen am 09.10.2018

Engbring, D.: Aller Anfang ist schwer! Wie gelingt der Einstieg in den Informatikunterricht? In: Diethelm, I. (Hrsg.). Informatische Bildung zum Verstehen und Gestalten der digitalen Welt. 17. GI-Fachtagung Informatik und Schule. S. 227–236. http://www.infos2017.de/ (2017). Zugegriffen am 12.03.2018

Gerstl, S.: 40 Betriebssysteme für den Raspberry Pi. https://www.datacenter-insider.de/40-betriebs-systeme-fuer-den-raspberry-pi-a-622255/ (2017). Zugegriffen am 14.01.2019

Hübner, T.: Das kreativste Werkzeug aller Zeiten. LOG IN. **185/186**, 38–45 (2016a)

Hübner, T.: Physical Computing. Unterrichtsprojekte mit dem Raspberry Pi. LOG IN. **185/186**, 60–68 (2016b)

Ionos: Digital Guide. https://www.ionos.com/digitalguide/server/tools/introduction-to-netstat/ (2019). Zugegriffen am: 10.05.2019

Karres, J.: Raspberry Pi: NAS Fileserver installieren. https://jankarres.de/2014/03/raspberry-pi-nas-fileserver-installieren/ (2014). Zugegriffen am 23.09.2018

Maloney, J., Peppler, K., Resnick, M., Rusk, N.: Programming by choice: urban youth learning programming with scratch. http://web.media.mit.edu/~mres/papers/sigcse-08.pdf (2008). Zugegriffen am 01.05.2017 von MIT Media Laboratory

Maloney, J., Resnick, M., Rusk, N., Silverman, B., Eastmond, E.: The scratch programming language and environment. http://web.media.mit.edu/~jmaloney/papers/ScratchLangAndEnvironment.pdf (2010). Zugegriffen am 28.04.2017 von Massachusetts Institute of Technology

Müller, E., Plüss, A.: Einstieg ins Programmieren mit dem Raspberry Pi. Drei Beispiele. LOG IN. **185/186**, 69–76 (2016)

QUA-LIS NRW.: Die Programmiersprache Python im Wahlpflichtbereich der Sek1 RS GE UV 7.4/10.3. Qualitäts- und UnterstützungsAgentur – Landesinstitut für Schule. https://www.schulentwicklung.nrw.de/materialdatenbank/material/view/5127 (2018). Zugegriffen am 20.11.2018

Raspberry Pi Foundation.: VNC (Virtual Network Computing). https://www.raspberrypi.org/documentation/remote-access/vnc/ (2017). Zugegriffen am 23.09.2018

Raspberry Pi Foundation.: Raspberry Pi foundation annual review 2017. https://www.raspberrypi.org/blog/annual-review-2017/ (2018). Zugegriffen am 14.09.2018

Resnick, M., Maloney, J., Monroy-Hernández, A., Rusk, N., Eastmond, E., Brennan, K., et al.: Scratch: programming for all. Commun. ACM. **52**(11), 60–67. http://web.media.mit.edu/~mres/papers/Scratch-CACM-final.pdf (2009). Zugegriffen am 24.04.2017 von MIT Media Laboratory

Richardson, M., Wallace, S.: Raspberry Pi für Einsteiger. Übersetzung ins Deutsche: Thomas Demmig. O'Reilly, Köln (2013)

Schnabel, P.: Elektronik-Kompendium. Raspberry Pi. http://www.elektronik-kompendium.de/sites/raspberry-pi/index.htm (2018). Zugegriffen am 14.10.2018

Schubert, S.; Schwill, A.: Didaktik der Informatik, 2. Aufl. Spektrum Akademischer, Heidelberg (2011)

Stahl, M.: Raspberry Pi: Eigenen Dateiserver (NAS) einrichten. https://praxistipps.chip.de/raspberry-pi-eigenen-dateiserver-nas-einrichten_97764 (2017). Zugegriffen am 23.09.2018

Theis, T.: Einstieg in python, S. 13–16. Galileo Computing, Bonn (2011)

Wolski, D.: Raspbian: Das kann das OS für den Raspberry Pi. https://www.pcwelt.de/a/raspbian-das-kann-das-os-fuer-den-raspberry-pi,3448329 (2017). Zugegriffen am 20.09.2018

4 Unterrichtseinheit im Rahmen der MicroBerry-Lernumgebung

> **Zusammenfassung**
>
> Kap. 4 beschreibt den prinzipiellen Unterrichtsverlauf einer Unterrichtseinheit zum Thema: „Grundelemente von Algorithmen" unter Verwendung der MicroBerry-Lernumgebung. Neben der Vorbereitung werden verschiedene Phasen der Durchführung der Unterrichtseinheit, wie zum Beispiel Einstiegsmöglichkeiten, Themenvorstellung und der prinzipielle Aufbau der Arbeitsblätter beschrieben. Außerdem werden ein möglicher Aufbau und wichtige Aspekte bei der Durchführung der Projektphase erläutert.

In Kap. 2 haben wir aus informatikdidaktischen und motivationspsychologischen Gesichtspunkten Kriterien für eine Lernumgebung abgeleitet, die wir im Anfangsunterricht der Informatik im Inhaltsbereich „Grundlagen von Algorithmen" einsetzen wollen. Insbesondere haben wir festgestellt, dass die Lernumgebung so gestaltet sein sollte, dass Schülerinnen und Schüler die Möglichkeit haben, aktiv problem- und anwendungsorientierte Aufgaben zu bearbeiten. Außerdem konnten wir ableiten, dass ein fächerübergreifender oder fächerverbindender Unterricht besonders gut geeignet ist, Authentizität durch multiple Kontexte und Perspektiven zu gewährleisten. Durch den fächerübergreifenden Ansatz, elektronische Bauelemente durch selbst erstellte Programme zu steuern, sehen wir gute Möglichkeiten, dieser Forderung gerecht zu werden und zugleich Schülerinnen und Schüler auf ganz konkreter Ebene zum handelnden Umgang mit dem Lerngegenstand zu animieren. Außerdem haben wir gezeigt, dass auf methodischer Ebene projektorientierter Unterricht sinnvoll und geeignet ist, problemorientiertes Lernen zu ermöglichen. Voraussetzung für die erfolgreiche Bewältigung eines Projekts ist allerdings die sichere Beherrschung grundlegender Kenntnisse und Fertigkeiten. Deshalb haben wir die Micro-

Berry-Lernumgebung so gestaltet, dass sich die Lernenden zunächst über problem- und anwendungsorientierte Aufgaben die notwendigen Grundlagen zum Themenbereich Algorithmen in einem Lehrgang erarbeiten, um diese später dann in einer projektorientierten Phase gezielt anwenden und vertiefen zu können (siehe Abschn. 4.3).

Da der soziale Kontext ebenfalls ein wichtiges Puzzleteil im Lernprozess darstellt und die erlebte soziale Eingebundenheit Grundvoraussetzung für motiviertes Handeln ist, haben die Schülerinnen und Schüler die Möglichkeit, in Partnerarbeit die Lernumgebung zu bearbeiten.

▶ Erfahrungsgemäß ist es von Vorteil, wenn Schülerinnen und Schüler beim Programmieren und bei der Umsetzung eigener Projekte mit dem RPi die Möglichkeit bekommen, längere Zeit am Stück zu arbeiten. Dies ist allerdings durch die Taktung der Schulstunden im normalen Schulbetrieb oft nicht zu gewährleisten. Daher kann es gewinnbringend sein, die hier vorgestellte Unterrichtseinheit losgelöst von starren 45-minütigen Schulstunden durchzuführen, zum Beispiel im Rahmen von Projekttagen.

4.1 Vorbereitung der Unterrichtseinheit

„Klassen- und Fachräume sind ‚vorbereitete Umgebungen", wenn sie
(1) eine gute Ordnung, (2) eine funktionale Einrichtung, (3) und brauchbares Lernwerkzeug bereithalten, sodass Lehrer und Schüler (4) den Raum zu ihrem Eigentum machen, (5) eine effektive Raumregie praktizieren (6) und erfolgreich arbeiten können. (Meyer 2004, S. 121)

Hilbert Meyer (ebd.) hebt die „vorbereitete Umgebung" als eines von zehn wichtigen Merkmalen guten Unterrichts hervor. Um einen reibungslosen Unterrichtsablauf zu gewährleisten, sind auch für unsere Unterrichtseinheit vor Unterrichtsbeginn wichtige Vorbereitungen zu treffen:

1. **Vorbereitung aller RPis (Abschn. 3.2)**
   - Betriebssystem installieren (Abschn. 3.2.1)
   - Software installieren (Abschn. 3.2.2.3)
   - Netzwerk einrichten (Abschn. 3.1.5)
   - statische IP-Adressen vergeben (Abschn. 3.2.4)
   - (Netzwerkspeicher einrichten Abschn. 3.2.5)
2. **Vorbereitung der RPi-Koffer (Abschn. 3.1.2)**
   - auf Vollständigkeit überprüfen
   - fehlende oder defekte Teile sind zu ersetzen
3. **Klassenraum für den Unterricht mit dem RPi vorbereiten (Abschn. 3.1.1)**
   - Schülerskripte mit Lernaufgaben für die Lernsequenzen des Lehrgangs vorbereiten beziehungsweise in ausgedruckter Form vorliegen haben

Das Anschließen des RPi wird von den Schülerinnen und Schülern zu Beginn des Unterrichts selbst vorgenommen.

4.2 Durchführung der Unterrichtseinheit: „Grundelemente von Algorithmen"

Wir haben unsere Unterrichtseinheit in einzelne Verlaufsphasen unterteilt, die wir im Folgenden detailliert erklären. Die hier vorgestellte Durchführungsvariante ist als Orientierung zu verstehen und soll eine beispielhafte Gestaltung der Phasen aufzeigen. Selbstverständlich steht es jeder Lehrkraft offen, die Verlaufsphasen individuell und nach den eigenen Überzeugungen auf die jeweilige Klasse, in welcher der Unterricht durchgeführt werden soll, entsprechend anzupassen. Die einzelnen Verlaufsphasen werden nun in der Reihenfolge vorgestellt, in welcher sie letztlich auch im Unterricht stattfinden.

4.2.1 Verlaufsphase „Motivierender Einstieg"

Diese Phase findet im Plenum statt und dient dazu, die Lernenden auf die Thematik der Unterrichtseinheit einzustimmen und die Neugierde zu wecken. Praktikabel erscheinen die folgenden Beispielvarianten als Einstieg:

- Den Schülerinnen und Schülern wird ein Zusammenschnitt von verschiedenen spannenden RPi-Projekten aus dem Internet oder dem eigenen Fundus der Lehrkraft gezeigt. Beispielsweise finden sich auf YouTube zahlreiche Videos von Projekten, in denen mit Hilfe des RPis autonom fahrende Roboter, automatische Bewässerungsanlagen, Miniaturampelanlagen etc. zu finden sind. Die Lehrkraft sollte versuchen, möglichst Projekte auszuwählen, die im Interessengebiet der jeweiligen Klasse liegen. Nach der Vorführung des Videos wird den Schülerinnen und Schülern erklärt, dass das Ziel des Unterrichts sein soll, ein solches Projekt selbst zu realisieren.
- Die Lehrkraft thematisiert die Bedeutung von Algorithmen zur Steuerung von technischen Geräten und Maschinen zum Beispiel auch mit Hilfe eines Films oder einer kleinen Präsentation.
- Die Thematik „Industrie 4.0" und seine Bedeutung für Produktion und Technik werden den Schülerinnen und Schülern aufgezeigt und als Anknüpfungspunkt für das Zusammenwirken von Informatik und Technik genutzt und diskutiert.
- Die Lehrkraft und die Schülerinnen und Schüler thematisieren die gesellschaftliche Bedeutung von Algorithmen anhand konkreter Beispiele und leiten daraus die Notwendigkeit ab, über die Funktionsweise von Algorithmen Bescheid zu wissen.

Neben den aufgeführten Einstiegsmöglichkeiten sind natürlich zahlreiche weitere Varianten denkbar. Der Kreativität der Lehrkraft sind hier kaum Grenzen gesetzt.

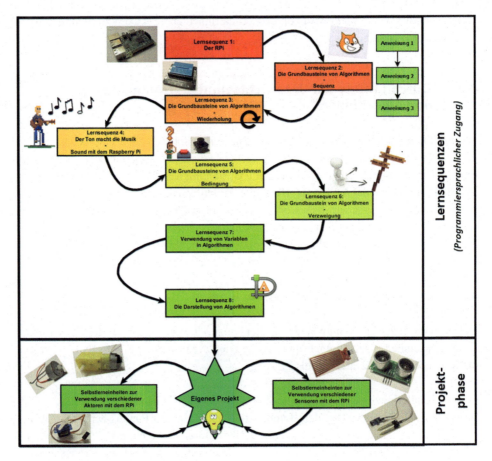

Abb. 4.1 Verlauf der Unterrichtseinheit

4.2.2 Verlaufsphase „Vorstellung des Themengebiets"

Im Anschluss an die Motivationsphase wird den Schülerinnen und Schülern der Verlauf der Unterrichtseinheit vorgestellt. Hier gilt es, einen relativ groben Überblick über das gesamte Unterrichtsvorhaben zu geben. Dazu werden die bevorstehenden zwei Unterrichtsphasen „Lehrgangsphase" und „Projektphase" mithilfe von Abb. 4.1 erläutert.

Dabei ist es wichtig, den Lernenden bereits in dieser Phase bewusst zu machen, was sie in den einzelnen Lernsequenzen erlernen können und welche Bedeutung die Bearbeitung dieser Lernsequenzen für die spätere Umsetzung eigener Projekte beziehungsweise für die Projektphase hat. Zudem sollte den Schülerinnen und Schülern deutlich gemacht werden, dass am Ende der Lehrgangsphase die Umsetzung eines eigenen Projektes steht und im Anschluss die Projekte jeweils im Plenum präsentiert werden sollen.

Daraufhin wird der RPi-Koffer kurz vorgestellt, mit welchem die Lernsequenzen und die Projektarbeit realisiert werden sollen. Hier kann die Lehrkraft kurz auf den Inhalt des

Koffers eingehen und organisatorische Aspekte hinsichtlich des Koffers nennen (zum Beispiel Ordnung, sorgsamer Umgang).

Anschließend werden die Schülerinnen und Schüler in Zweiergruppen eingeteilt. Auf welche Art und Weise die Gruppen gebildet werden wird abhängig von der jeweiligen Klasse entschieden. Erfahrungsgemäß lässt sich sagen, dass die Gruppen nicht größer als zwei Personen sein sollten, um effektiv mit dem RPi arbeiten zu können. Sobald die Gruppenbildungsphase abgeschlossen ist, bekommen die Gruppen jeweils einen RPi-Koffer ausgehändigt.

4.2.3 Verlaufsphase „Erarbeitung des Themengebiets"

In dieser Phase wird nun die eigentliche Unterrichtseinheit zu den „Grundelementen von Algorithmen" behandelt. Diese Phase dient nicht nur dazu, dass sich die Lernenden ein Basiswissen über Algorithmen aneignen, sondern natürlich auch die Handhabung und die Software des RPi und die verwendeten elektronischen Bauteile kennenlernen. Im Zentrum der einzelnen Lernsequenzen steht die eigenständige Bearbeitung der Inhalte durch die Schülerinnen und Schüler. Die einzelnen Lernsequenzen sind wie folgt benannt:

(1) Der Raspberry Pi
(2) Die Grundbausteine von Algorithmen/Sequenz
(3) Die Grundbausteine von Algorithmen/Schleife
(4) Der Ton macht die Musik
(5) Die Grundbausteine von Algorithmen/Bedingung
(6) Die Grundbausteine von Algorithmen/Verzweigung
(7) Verwendung von Variablen in Algorithmen
(8) Die Darstellung von Algorithmen

Die einzelnen Lernsequenzen orientieren sich dabei stets an den genannten Inhalten und Zielen aus den vorherigen Kapiteln. Jede Sequenz beinhaltet verschiedene Lernaufgaben auf unterschiedlichen Schwierigkeitsstufen.

Um dem programmiersprachlichen Zugang von Schubert und Schwill (2011) gerecht zu werden, sind die Lernsequenzen so gestaltet, dass diese aufeinander aufbauen. Die aufgeführte Aufzählung der Lernsequenzen zeigt zugleich deren Bearbeitungsreihenfolge. Zunächst bekommen die Schülerinnen und Schüler in der Lernsequenz 1 (RPi) die nötigen Grundlagen zur Verwendung des RPi und der dazugehörigen Hardware/Software vermittelt. In den darauffolgenden Lernsequenzen lernen sie dann schrittweise die Grundbausteine eines Algorithmus kennen beziehungsweise lernen das Programmieren mit der Programmiersprache Scratch beziehungsweise Python unter Verwendung von Aktoren und Sensoren. Dieser fächerübergreifende und anwendungs- und handlungsorientierte Ansatz der Steuerung von elektronischen Bauelementen durch selbst erstellte Programme gewährleistet ein hohes Maß an Authentizität (siehe Kap. 2) und ermöglicht die Realisierung einer problemorientierten Lernumgebung (siehe Abschn. 2.4.1).

Außerdem wird die Darstellung von Algorithmen mit Hilfe von Flussdiagrammen thematisiert.

Die zweite Lernsequenz beinhaltet hauptsächlich Aufgaben, welche sich mit dem Grundbaustein „Sequenz" auseinandersetzen. In der darauffolgenden Lernsequenz „Wiederholung" wird das Wissen aus der vorherigen Sequenz zwar benötigt, jedoch liegt hier der Schwerpunkt der Aufgaben auf dem Grundbaustein „Wiederholung" beziehungsweise „Schleife". Ähnlich verhält es sich bei den weiteren Lernsequenzen.

Es empfiehlt sich, die methodische Vorgehensweise zur Bearbeitung der Lernsequenzen mit den Schülerinnen und Schülern einmalig gemeinsam durchzuführen. Hierzu kann die erste Lernsequenz „Der Raspberry Pi" exemplarisch im Plenum bearbeitet werden. Die darauffolgenden Sequenzen können wie vorgesehen von den Lernenden hauptsächlich eigenständig erarbeitet werden.

Die Bearbeitung der einzelnen Lernsequenzen erfolgt im dezentralen Interaktionsbereich des Klassenraums (siehe Abschn. 2.11) und jeweils im methodischen Grundrhythmus „Einführung", „Erarbeitung", „Ergebnissicherung" nach Meyer (2004).

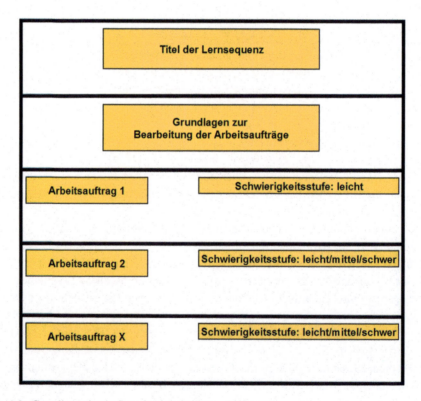

Abb. 4.2 Grundlegender Aufbau der Arbeitsblätter der Lernsequenzen

4.2 Durchführung der Unterrichtseinheit: „Grundelemente von Algorithmen"

- Die Lehrkraft führt kurz in die Lernsequenz ein.
- Die Schülerinnen und Schüler bearbeiten eigenständig die Aufgaben der jeweiligen Lernsequenz.
- Die Lösungen der Lernaufgaben aus der Lernsequenz werden gemeinsam im Plenum besprochen.

In welchem Umfang die Lehrkraft die einzelnen Lernsequenzen einführt beziehungsweise auf welche Art und Weise sie diese einführt, hängt natürlich auch von der entsprechenden Lerngruppe ab. Sinnvoll ist es, den Schülerinnen und Schülern eine zeitliche Vorgabe für die Bearbeitung der jeweiligen Lernsequenz zu geben.

Um erstellte Programme einzelner Lerngruppen im Plenum besprechen zu können, kann die Lehrkraft per VNC auf die Bildschirmoberfläche der Schüler-RPi zugreifen oder die Schülerinnen und Schüler können die entsprechenden Dateien im Netzwerkordner ablegen und somit der Lehrkraft zugänglich machen (siehe Abschn. 3.2.5.1).

Zu jeder Lernsequenz gibt es Arbeitsblätter. Diese besitzen grundsätzlich alle den gleichen Aufbau, der in Abb. 4.2 exemplarisch dargestellt ist.

Auf jedem Arbeitsblatt ist der Titel der jeweiligen Lernsequenz zu finden. Jede Lernsequenz beginnt mit einem kleinen Input über die nötigen Grundlagen zur Bearbeitung der darauffolgenden Arbeitsaufträge (zum Beispiel zu besonderen Programmierbefehlen, Bauteilen oder Begriffen). Die Arbeitsaufträge eines jeden Arbeitsblattes sind so gestaltet, dass diese von den Schülerinnen und Schülern eigenständig bearbeitet werden können.

Anfänglich besitzen die Arbeitsaufträge einen relativ niedrigen Schwierigkeitsgrad. Die erste Aufgabe dient jeweils als Einstieg in die Lernsequenz und sollte möglichst von allen Schülerinnen und Schüler zu lösen sein. Der Schwierigkeitsgrad und die Komplexität erhöhen sich jedoch von Arbeitsauftrag zu Arbeitsauftrag. Der Schwierigkeitsgrad wird bei jedem Arbeitsauftrag angegeben. Das soll den Lernenden zu einer besseren Selbsteinschätzung ihrer bereits erworbenen Kompetenzen in der jeweiligen Lernsequenz verhelfen. Einige Arbeitsaufträge werden in einzelne Teilaufgaben untergliedert. Alle Teilaufgaben besitzen dabei einen ähnlichen Schwierigkeitsgrad. Die Differenzierung durch verschiedene Schwierigkeitsstufen pro Lernsequenz stellt den Lernenden einerseits multiple Kontexte zur Verfügung (siehe Abschn. 2.4.1 und 2.4.2) und ermöglicht andererseits eine individuelle Förderung. So bekommen alle Schülerinnen und Schüler in der Bearbeitungsphase der jeweiligen Lernsequenz die Chance, abhängig von der eigenen Leistung Aufgaben zu bearbeiten und etwas zu lernen. Besonders beim Programmieren ist das von Vorteil. Der Einstieg in die Lernsequenz mit einem relativ einfachen Arbeitsauftrag gibt schwächeren Schülerinnen und Schüler die Möglichkeit, das Grundlegende einer Lernsequenz zu verstehen. Die stärkeren Schülerinnen und Schüler, die sich durch diese „einfachen" Arbeitsaufträge unter Umständen unterfordert fühlen, finden ihre Herausforderung in anspruchsvolleren Lernaufgaben.

Auch hinsichtlich der Projektphase ist es wichtig, dass alle Schülerinnen und Schüler ein Grundverständnis über das Programmieren und die Möglichkeiten mit dem RPi in den Lernsequenzen vermittelt bekommen, um letztlich in der Projektphase ein eigenes Projekt realisieren zu können. Da die einzelnen Lernsequenzen aufeinander aufbauen, sind geeignete Differenzierungsmaßnahmen nötig, um keine Schülerin/keinen Schüler in einer Lernsequenz abzuhängen.

Die im Rahmen unserer Lernumgebung entwickelten Arbeitsblätter zu den genannten Lernsequenzen werden in Kap. 5 detailliert vorgestellt und stehen Ihnen als Download über den Dozenten-Service des Springer-Verlags zur Verfügung.

4.2.4 Verlaufsphase „Zusammenfassung der gelernten Inhalte"

Neben zusammenfassenden Besprechungen jeweils nach einer abgeschlossenen Lernsequenz empfehlen wir zur Ergebnissicherung eine Abschlusseinheit zur Zusammenfassung des Gelernten. Sobald alle Lernsequenzen bearbeitet wurden, können sich die Lehrkraft und die Schülerinnen und Schüler gemeinsam an den Tischen in der Mitte des Klassenraums (Kommunikationsbereich siehe Abschn. 3.1.1) versammeln. Im Folgenden werden die Schülerinnen und Schüler dann aufgefordert, in Einzelarbeit das Gelernte aus den Lernsequenzen in Form einzelner Schlagworte auf Karteikarten zu schreiben und in der Mitte der Tische zu verteilen.

Anschließend soll mit Hilfe der Karteikarten eine Übersicht über das Gelernte in Form einer Mindmap entstehen. Die Schülerinnen und Schüler werden hierfür aufgefordert, gemeinsam im Plenum die Karteikarten zunächst entsprechend ihrer Schlagworte zu sortieren und anschließend zu einer Mindmap zusammenzustellen. Die Karteikarten können dazu auf einem Plakat fixiert werden, welches im Anschluss als Übersicht im Klassenraum aufgehängt werden kann. Alternativ zum Erstellen eines Plakats kann auch eine Mindmap an der Tafel erstellt werden.

Nachdem die Unterrichtseinheit zu den Grundelementen von Algorithmen erfolgreich bearbeitet und abgeschlossen wurde, empfiehlt sich der Übergang zur Projektphase, die im Folgenden beschrieben wird.

4.3 Die Projektphase

In der Projektphase gilt es zunächst, geeignete Projektthemen zu finden. Nachdem sich die jeweiligen Gruppen für ein Projekt entschieden haben, geht es dann in die Projektplanung. Anschließend beginnt die eigentliche Projektdurchführung, die am Ende mit einer Präsentation abschließt. Die einzelnen Projektphasen werden im Folgenden genauer beschrieben (vgl. Abschn. 2.9).

4.3.1 Verlaufsphase „Entscheidungsphase"

Für die Projektarbeit empfiehlt es sich, die in der oben beschriebenen Unterrichtseinheit „Grundelemente von Algorithmen" (Abschn. 4.2) gebildeten Zweiergruppen beizubehalten. Zunächst gilt es, unter Berücksichtigung der Schülerinnen- und Schülerinteressen, geeignete Projektthemen zu finden, die sich mit den neu erworbenen Kompetenzen der Schülerinnen und Schüler umsetzen lassen.

In Abschn. 2.9 wurden bereits zwei Möglichkeiten vorgestellt, wie Schülerinnen und Schüler in die Themenfindung mit eingebunden werden können. In unserem Konzept finden beide Vorschläge Beachtung. Zum einen schlägt die Lehrkraft den Schülerinnen und Schülern einige Projektthemen zur Auswahl vor, zum anderen sollen diese die Möglichkeit bekommen, eigene Projektthemen einzubringen.

Diese „gemischte Art" der Themenfindung hat mehrere Vorteile. Zum einen dienen die vorgegebenen Projektthemen als Orientierung für die Schülerinnen und Schüler. Durch diese wird ein erster Eindruck vermittelt, wie hoch der Anspruch an die Projektthemen ist. Zum anderen haben Schülerinnen und Schüler ohne eigene Projektideen die Möglichkeit, sich eines der vorgegebenen Projekte auszuwählen und zu bearbeiten. Zudem hat dies für die Lehrkraft gewisse organisatorische Vorteile. Somit lassen sich, (zumindest) für die von der Lehrkraft vorgeschlagenen Projektthemen, alle notwendigen Komponenten für den Unterricht vorbereiten. Zugleich werden die Vorteile, die sich bei der Umsetzung eigener Projektideen von Schülerinnen und Schülern ergeben (z. B. Anknüpfung an den Interessen der Lernenden), genutzt.

▶ Wir empfehlen, dass Projektvorschläge von Schülerinnen und Schülern gewisse erfüllen sollten (vgl. Abschn. 2.9). Zudem müssen die Projektvorschläge im zeitlichen Rahmen des Unterrichts realisierbar sein und sie sollten einen sinnvollen Zweck erfüllen, sprich einen gewissen Lebensweltbezug besitzen. Dieser Erwartungshorizont an das Projekt sollte seitens der Lehrkraft offen den Schülerinnen und Schülern vor der Ideenfindung kommuniziert werden. Mindestanforderungen wären in diesem Zusammenhang:

- Projektvorschläge müssen zum Beispiel mindestens drei algorithmische Grundbausteine enthalten.
- Projektvorschläge müssen zum Beispiel mindestens zwei Sensoren enthalten.
- Projektvorschläge sollten im zeitlichen Rahmen des Unterrichts realisierbar sein.
- Projektvorschläge sollten einen Lebensweltbezug aufweisen.
- Projektvorschläge sollten mit den vorhandenen Mitteln (Bauteile etc.) umsetzbar sein.

Die Entscheidungsphase findet ebenfalls an den Tischen in der Mitte (Kommunikationsbereich) statt (vgl. Abschn. 3.1.1). Konkret hat sich folgende Vorgehensweise bewährt:

Die Lehrkraft schlägt den Schülerinnen und Schülern einige Projektthemen vor (zum Beispiel automatische Bewässerungsanlage, autonom fahrender Roboter, Ampelschaltung). Die Projektthemen werden dazu als Schlagworte auf Karteikarten geschrieben und in der Mitte des Kommunikationsbereichs abgelegt. Als nächstes werden die Schülerinnen und Schüler dazu aufgefordert, sich eigene Projektthemen zu überlegen, welche sie mit der MicroBerry-Lernumgebung gerne umsetzen würden. Im Anschluss werden sie dann aufgefordert, ihre Ideen als Schlagworte auf Karteikarten zu schreiben und in der Mitte des Tisches abzulegen.

Sobald die Ideenfindung abgeschlossen ist, werden die vorgeschlagenen Projektthemen der Schülerinnen und Schüler im Plenum näher besprochen. Dazu werden die Lernenden aufgefordert, ihre Projektvorschläge nochmals genauer im Plenum zu erläutern. Die Lehrkraft entscheidet gemeinsam mit den Schülerinnen und Schülern abschließend, welche Projektvorschläge sich als Projektarbeit eignen und welche nicht.

Die Mindestanforderungen an ein Projekt sind für Schülerinnen und Schüler noch relativ einsichtig. Anders verhält es sich bei der Einschätzung des zeitlichen Aufwands für die Umsetzung der eigenen Projekte. Hier besteht die „Gefahr", dass sich Schülerinnen und Schüler selbst überschätzen und sich zu hohe Ziele setzen, welche sie letztlich nicht erreichen können. Ein „unfertiges" Projekt am Ende der Projektphase ist aber meist eher demotivierend für Schülerinnen und Schüler. Um dies möglichst zu vermeiden, muss man als Lehrkraft (auf Basis eigener Erfahrungswerte) abwägen, ob sich ein Projektvorschlag eignet.

▶ Erfahrungsgemäß ist es zielführend, zeitlich umfangreiche Projektideen in Teilprojekte zu gliedern und die Schülerinnen und Schüler Schritt für Schritt diese Teilprojekte durchführen zu lassen. Dies führt dann in der Regel schnell zu ersten Erfolgen, auf denen die Lernenden dann aufbauen können.

Zudem sollte die Lehrkraft darauf achten, dass die Projekte einen „möglichst" sinnvollen Zweck erfüllen und einen gewissen Lebensweltbezug besitzen. Auch dieser Punkt wird teilweise von Schülerinnen und Schülern nicht berücksichtigt.

Eine im Rahmen unserer Unterrichte relativ häufig genannte Projektidee ist das „Bauen einer Bombe". Diese zunächst mal abwegig klingende Idee ist in der Regel nicht so wörtlich gemeint. Erfahrungsgemäß versteckt sich dahinter die Idee, einen Countdown mit entsprechenden Klangeffekten zu realisieren oder eine Alarmanlage zu konzipieren.

Eine weitere Schwierigkeit bei der Projektarbeit mit dem RPi ist, dass abhängig vom Projektthema verschiedene und relativ spezielle Bauteile benötigt werden. Auch hier gilt zu überlegen, ob die fehlenden Bauteile für den Unterricht zugekauft werden sollen oder ob der Projektvorschlag von der Lehrkraft entsprechend angepasst wird.

4.3.2 Verlaufsphase „Planung des Projektablaufs"

Sobald die Projektthemen feststehen, wird mit den Schülerinnen und Schülern die Durchführungsphase thematisiert. Dies geschieht ebenfalls im Plenum. Für die Umsetzung des Projekts empfehlen wir, den Schülerinnen und Schülern keine bestimmte Reihenfolge vorzugegeben! Nicht selten muss im Laufe der Realisierung eines Projektes etwas angepasst oder verändert werden. Beispielsweise kann eine kleine Änderung in der Programmierung dazu führen, dass die dazugehörige Schaltung und das Flussdiagramm ebenfalls angepasst werden müssen. So würde es wenig Sinn ergeben, die Entwicklung von Schaltung, Programmierung und Flussdiagramm als einzelne fest vorgeschriebene Arbeitsschritte den Schülerinnen und Schülern in der Durchführungsphase vorzugeben. Ebenso steht es den Schülerinnen und Schülern offen, welche Bauteile sie für die Umsetzung ihres Projekts verwenden.

Trotz des offenen Charakters der anstehenden Durchführungsphase empfehlen wir, eine gewisse grobe Vorgehensweise vorzugeben. Dies betrifft unter anderem die zeitlichen Vorgaben. Grundsätzlich lassen sich der „Abschluss des Projekts" und das „Fertigstellen der Präsentation" als zwei wichtige zeitliche Fristen nennen. Erfahrungsgemäß verlieren Schülerinnen und Schüler im Laufe der Projektarbeit gerne mal das Zeitgefühl, d. h. sie sollten in regelmäßigen Abständen über die verbleibende Zeit informiert werden. Richtziel der Durchführungsphase ist die gewünschte Funktionalität des Projekts durch eine geeignete Schaltung und Programmierung zu erreichen.

Auch die Anforderungen für die anschließende Präsentation des Projekts werden den Schülerinnen und Schülern genannt. So sollen möglichst die folgenden Punkte in der Präsentation behandelt werden:

- Welche Funktion erfüllt das Projekt? (unter Zuhilfenahme eines Flussdiagramms)
- Inwiefern könnte das Projekt im Alltag Verwendung finden?
- Wie wurde in der Projektarbeit vorgegangen?
- Welche Schwierigkeiten sind bei der Umsetzung des Projekts aufgetreten und wie hat man diese versucht zu lösen?
- Wie könnte das Projekt noch erweitert werden?
- Erklärung der Schaltung beziehungsweise Erläuterung von speziellen Bauteilen
- (z. B. Funktionsweise einer Peristaltikpumpe)
- Erklärung der Programmierung

Hierzu kann den Schülerinnen und Schülern eine Checkliste an die Hand gegeben werden, welche die wichtigsten Aufgaben der Durchführungsphase nochmals auflistet.

4.3.3 Verlaufsphase „Durchführungsphase"

Zur Unterstützung stellen wir den Schülerinnen und Schülern für die Durchführung ein „Projektskript" (nähere Beschreibung in Kap. 6) zur Verfügung, das die gängigsten Aktoren und Sensoren und die entsprechenden Programmiermöglichkeiten übersichtlich darstellt. Dies soll den Schülerinnen und Schülern als Nachschlagewerk dienen mit dem Vorteil, ohne große Internetrecherchen zeitökonomisch arbeiten zu können.

Prinzipiell lassen sich zahlreiche verschiedene Projekte von den Schülerinnen und Schülern umsetzen. Während der Durchführungsphase fungiert die Lehrkraft als Berater. Falls die Gruppe an einer Stelle des Projekts nicht weiterkommen sollte, kann die Lehrkraft gegebenenfalls unterstützende Hinweise liefern. So können beispielsweise Tipps zur Programmierung oder zur Schaltung gegeben werden. Neben Hinweisen kann die Lehrkraft den Schülerinnen und Schülern auch zusätzliche Anreize für das jeweilige Projekt geben. Beispielsweise können die Lernenden auf bestimmte Erweiterungsmöglichkeiten für das Projekt aufmerksam gemacht werden, so zum Beispiel auf die Verwendung weiterer Aktoren und Sensoren oder den Bau geeigneter Halterungen für die verwendeten Sensoren und Aktoren.

Das oberste Ziel ist es, mithilfe einer geeigneten Schaltung/Programmierung die grundlegende Funktion des Projekts zu realisieren, wie zum Beispiel: In Abhängigkeit des Regentropfensensors lässt sich die Peristaltikpumpe aktivieren oder nicht aktivieren.

Erwähnenswert bleibt, dass es bei der Umsetzung eines Projekts keinen „richtigen" Weg gibt, der Schülerinnen und Schüler vorgegeben werden kann. Viele Wege können zum Ziel führen! Welcher Weg eingeschlagen wird, entscheiden die Schülerinnen und Schüler in der Durchführungsphase selbst. So ist es nicht zwingend notwendig, alle Bauteile der beispielhaften Projektumsetzung im eigenen Projekt unterzubringen. Auch beim Flussdiagramm und bei der Programmierung gibt es kein „Richtig" oder „Falsch", sondern mehrere Lösungsvarianten.

4.3.4 Verlaufsphase „Auswertungsphase"

Diese Phase findet im Kommunikationsbereich statt. In der Auswertungsphase stellen die einzelnen Gruppen ihre Projekte in Form einer Präsentation vor. Die Inhalte der Präsentation orientieren sich an den zuvor genannten Anforderungen aus der Planungsphase.

Im Anschluss an eine Projektpräsentation können weitere Fragen aus dem Plenum gestellt werden oder auch Kritik/Lob geäußert beziehungsweise Verbesserungsvorschläge vorgebracht werden.

Optional kann in dieser Phase eine Benotung der Präsentationen und der Projektarbeiten erfolgen.

Literatur

Meyer, H.: Was ist guter Unterricht? Cornelsen Scriptor, Berlin (2004)
Schubert, S., Schwill, A.: Didaktik der Informatik, 2. Aufl. Spektrum Akademischer, Heidelberg (2011)

Lernsequenzen zur Unterrichtseinheit „Grundelemente von Algorithmen" 5

> **Zusammenfassung**
>
> In diesem Kapitel werden die einzelnen Lernsequenzen zur Unterrichtseinheit „Grundelemente von Algorithmen" detailliert beschrieben. Die Unterrichtseinheit besteht aus insgesamt acht Themengebieten (Lernsequenzen), zu denen jeweils der Inhalt erläutert und in den didaktischen Kommentaren jeweils auf die Besonderheiten der Lernsequenzen, auch im Hinblick auf die beiden Programmiersprachen „Scratch" und „Python" eingegangen wird. Zahlreiche Abbildungen illustrieren dabei die relevanten Arbeitsblätter beziehungsweise Skripten.

Die im Rahmen der MicroBerry-Lernumgebung genutzten Arbeitsblätter beinhalten geeignete Aufgaben für die Hardwarekombination RPi/Zusatzplatine „Explorer HAT Pro". Prinzipiell lassen sich alle Aufgaben und Arbeitsaufträge auch ohne die Zusatzplatine, d. h. nur mit dem Raspberry Pi durchführen. Bei den Erläuterungen zu den Arbeitsblättern gehen wir bei Bedarf auf die Unterschiede, die sich aus der Nutzung beziehungsweise Nichtnutzung der Zusatzplatine ergeben, ein. Selbstverständlich lassen sich die Lernsequenzen durch weitere Aufgaben ergänzen. Auch das Ersetzen, Abwandeln und Verbessern von bestehenden Arbeitsaufträgen ist natürlich möglich. Wie in Abschn. 4.2.3 bereits erläutert, haben wir Arbeitsblätter für die folgenden Themengebiete (Lernsequenzen) entwickelt, die wir jetzt der Reihe nach vorstellen werden:

(1) Der Raspberry Pi
(2) Die Grundbausteine von Algorithmen/Sequenz
(3) Die Grundbausteine von Algorithmen/Schleife
(4) Der Ton macht die Musik
(5) Die Grundbausteine von Algorithmen/Bedingung
(6) Die Grundbausteine von Algorithmen/Verzweigung
(7) Verwendung von Variablen in Algorithmen
(8) Die Darstellung von Algorithmen

Die Arbeitsblätter stehen jeweils zusammengefasst als „Grundlagenskript" in einer Scratch- und einer Python-Version zur Verfügung. Im Folgenden wird jede Lernsequenz inhaltlich vorgestellt und didaktische Hinweise und Empfehlungen für beide Versionen werden gegeben. Außerdem finden Sie hier zur besseren Übersicht verkleinerte Teilabbildungen der Scratch-Skripte.

Die Grundlagenskripte sowie Musterlösungen für alle Lernsequenzen in der Scratch- und Python-Version stellen wir Ihnen als Download über den Dozenten-Service des Springer-Verlags zur Verfügung.

Grundsätzlich ist jede Lernsequenz in einen Grundlagenteil und einen Aufgabenteil gegliedert. Der Grundlagenteil liefert den Schülerinnen und Schülern wichtige Informationen, die sie für die eigenständige Bearbeitung der Aufgaben im Aufgabenteil benötigen.

5.1 Lernsequenz 1: „Der Raspberry Pi"

5.1.1 Inhalt der Lernsequenz 1

Im Grundlagenteil der Lernsequenz 1 lernen die Schülerinnen und Schüler den Raspberry Pi und die Zusatzplatine Explorer HAT Pro kennen. Insbesondere werden die GPIOs und die anderen Anschlüsse thematisiert. Außerdem wird prinzipiell kurz erklärt, um was es in der Unterrichtseinheit geht, und dass die Aufgaben unterschiedliche Schwierigkeitsstufen haben. In diesem Zusammenhang wird auch das Glühbirnensystem erläutert (Abb. 5.1).

Die erste Aufgabe besteht darin, die Lernumgebung zum Laufen zu bekommen (Abb. 5.2). Außerdem sollen die Schülerinnen und Schüler mit der entsprechenden Programmierumgebung (Scratch oder Python) eine erste Datei anlegen und im Netzwerkordner abspeichern. Außerdem soll der Raspberry Pi jeweils mit dem WLAN verbunden werden (Abb. 5.2). Hat alles geklappt, hat die Lehrkraft nun Zugriff auf die Dateien im Netzwerkordner eines jeden RPi.

5.1 Lernsequenz 1: „Der Raspberry Pi"

Grundlagen

Der Raspberry Pi ist ein sogenannter Einplatinencomputer. Auf den ersten Blick könnte man es nicht glauben, aber es handelt sich bei ihm um einen vollwertigen Computer mit eigenem Betriebssystem („Raspbian"). Auf ihm lassen sich diverse Programme installieren. Mit ihm kann man sogar im Internet surfen!

Dennoch hebt er sich durch etwas ganz Besonderes von den normalen Computern, wie man sie aus dem Alltag kennt, ab! Er besitzt eine spezielle Stiftleiste mit sogenannten programmierbaren „GPIOs"! GPIO ist die Abkürzung für general purpose input/output, auf Deutsch „*Allzweckeingabe-/Ausgabe*".

In Kombination mit dem Raspberry Pi verwenden wir die Zusatzplatine „Explorer HAT Pro", welche weitere interessante Funktionen besitzt!

In den folgenden Lernsequenzen lernen wir, wie man diese GPIOs mit der Programmiersprache Scratch programmiert und für bestimmte Projekte einsetzen kann. Wir lernen die Grundbausteine eines Algorithmus bzw. die Grundbausteine des Programmierens kennen und beschäftigen uns mit verschiedenen elektrischen Bauteilen, wie beispielsweise LEDs, Motoren und Sensoren.

In den Lernsequenzen wirst du verschiedenen Aufgaben begegnen. Diese besitzen unterschiedliche Schwierigkeitsstufen! Die Glühlampen an der Seite jeder Aufgabe zeigen dir die jeweilige Schwierigkeitsstufe an.

Bedenke: Du musst nicht alle Aufgaben einer Lernsequenz in der vorgegebenen Zeit schaffen! Hast du die erste Aufgabe bewältigt? Dann schaue wie weit du mit den anderen Aufgaben kommst!

- einfach -   - mittel -   - schwer -

Abb. 5.1 Lernsequenz 1 – Grundlagen

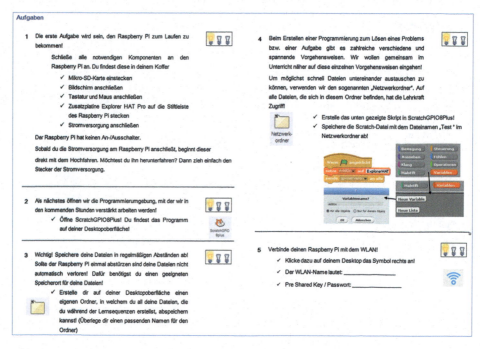

Abb. 5.2 Lernsequenz 1 – Aufgaben 1-5

Verwendet man Scratch als Programmiersprache beziehungsweise arbeitet man mit der Programmierumgebung ScratchGPIO, benötigt man folgende Sequenz in jedem Programm, sodass der RPi die GPIOs initialisiert und die Zusatzplatine „Explorer HAT Pro" erkennt.

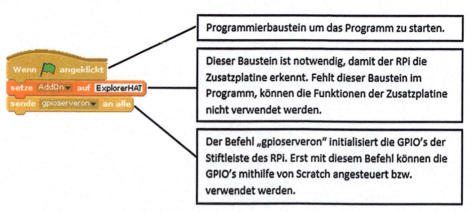

Verwendet man Python als Programmiersprache, müssen (ähnlich wie bei Scratch) die Zusatzplatine und die GPIOs initialisiert werden.

Bei regelmäßigem Arbeiten mit Python sollte daher die Version Python 3 geöffnet werden und eine Skript-Datei mit folgendem Inhalt erstellt und im Netzwerkordner abgelegt werden:

```
import explorerhat
import time
```

5.1.2 Didaktischer Kommentar zur Lernsequenz 1

Je nach Vorkenntnissen der Schülerinnen und Schüler ist es gegebenenfalls zu empfehlen, die Lernsequenz 1 gemeinsam im Plenum zu bearbeiten. Auf alle Fälle ist es wichtig, dass alle Schülerinnen und Schüler die methodische Vorgehensweise zur Bearbeitung der Lernsequenzen verstanden haben.

Vereinzelt kommt es vor, dass die Zusatzplatine Explorer HAT Pro falsch herum auf die Steckleiste des Raspberry Pi aufgesetzt wird. Dies sollte vor dem Einschalten von der Lehrkraft noch einmal überprüft werden.

Nicht unwesentlich für das effektive Arbeiten am Raspberry Pi beziehungsweise generell an Rechnern ist der bewusste Umgang mit den eigenen erstellten Dateien. Es bietet sich daher an (falls noch nicht entsprechend im Unterricht aufgegriffen), das Benennen von Dateien und das Abspeichern dieser Dateien in entsprechenden Ordnern nochmals näher im Plenum zu besprechen. Auch das Prinzip des Netzwerkordners lässt sich kurz exemplarisch aufgreifen und zeigen.

Besonders für den Anfang ist das Initialisieren der GPIOs beziehungsweise der Zusatzplatine mittels besonderer Befehle für die Schülerinnen und Schüler noch schwer nachzuvollziehen. Jedoch ist dies von zentraler Bedeutung für die kommenden Programmierungen, da ohne diese gesonderten Programmbefehle das Ansteuern der GPIOs nicht gelingt. Es ist ratsam, die Notwendigkeit dieser Programmbefehle im Plenum hervorzuheben und die Funktion gemeinsam mit den Schülerinnen und Schülern kurz zu besprechen.

5.1.2.1 Didaktische Anmerkungen zur Programmiersprache Scratch

Erfahrungsgemäß sind die Schülerinnen und Schüler in der Lage, speziell in Bezug auf Scratch, das Anfangsprogramm zur Initialisierung der GPIOs selbstständig und ohne kleinschrittiges „Lehrer macht vor – Schüler macht nach" zu erstellen. Die Programmierumgebung Scratch ist relativ einsteigerfreundlich gestaltet und ermöglicht somit ein intuitives Vorgehen. Unter Umständen stellt das Erstellen der Variable „AddOn" ein Problem für die Schülerinnen und Schüler dar. Gegebenenfalls muss dieser eine Schritt im Plenum gezeigt werden.

▶ Achtung: Beim Namen der Variable „AddOn" und ihres Inhaltes „ExplorerHAT" muss zwingend auf die Groß- und Kleinschreibung geachtet werden! Anderweitig wird die Zusatzplatine nicht erkannt.

5.1.2.2 Didaktische Anmerkung zur Programmiersprache Python

Anders als Scratch ist Python weitaus weniger selbsterklärend. Insbesondere die Bedienoberfläche in Python sollte gegebenenfalls in einer Plenumsphase thematisiert werden. Gerade die beiden Vorgehensweisen (1) Neue Programmierung erstellen und (2) Programm ausführen (Run) sollten mit den Schülerinnen und Schüler zu Beginn besprochen werden. Im Grundlagenskript finden sich immer wieder Stellen, an denen gegebenenfalls die Lehrkraft bei Bedarf einen separaten Input geben kann. Dies muss abhängig von der

Lerngruppe entschieden und aufbereitet werden. Die Tipp-Kästchen im Skript geben hier gegebenenfalls den Schülerinnen und Schülern geeignete Hilfen an die Hand. Des Weiteren werden die Schülerinnen und Schüler während der Bearbeitung des Grundlagenskriptes auf verschiedene Fehlermeldungen stoßen. Diese sind im Skript nicht aufgeführt. Auch hier bietet es sich gegebenenfalls an, auftretende Fehlermeldungen im Plenum zu besprechen. Mit dieser Vorgehensweise werden die Schülerinnen und Schüler langsam an das Arbeiten mit einer textbasierten Programmiersprache herangeführt und lernen, die Fehlermeldungen zu entschlüsseln.

5.2 Lernsequenz 2: Die Grundbausteine von Algorithmen – Sequenz

5.2.1 Inhalt der Lernsequenz 2

Im Grundlagenteil (Abb. 5.3) der Lernsequenz 2 wird insbesondere die Funktionsweise einer Leuchtdiode (LED) thematisiert. So soll die Grundlage dafür geschaffen werden, dass die Schülerinnen und Schüler in dieser Lernsequenz erfolgreich eine LED durch geeignete Programmierung zum Leuchten bringen.

Im Zentrum dieser Lernsequenz steht das selbstständige Erstellen als auch Analysieren erster einfacher Programmsequenzen. Charakteristisch für Sequenzen ist die Aneinander-

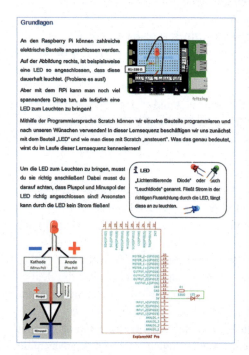
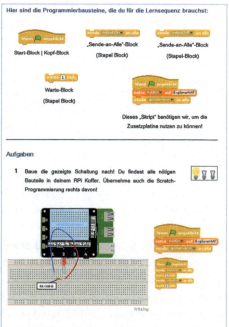

Abb. 5.3 Lernsequenz 2 – Grundlagen und Aufgabe 1

5.2 Lernsequenz 2: Die Grundbausteine von Algorithmen – Sequenz

reihung von Programmbefehlen. Schülerinnen und Schüler lernen somit in dieser Einheit die einfachste Form eines Algorithmus kennen.

Um erste Erfahrungen im Umgang mit dem RPi, dem Aufbau von Schaltungen und dem Erstellen von Programmen zu sammeln, besteht die erste Aufgabe dieser Lernsequenz nun darin, eine erste Schaltung selbstständig aufzubauen und die dazugehörige (vorgegebene) Programmierung zu übernehmen (Abb. 5.3).

▶ Abhängig vom Vorwissen der Schülerinnen und Schüler rund um das Thema Elektrotechnik bietet es sich unter Umständen an, im Rahmen dieser Lernsequenz den grundlegenden Aufbau eines einfachen Stromkreises sowie die Funktionsweise und Notwendigkeit von Widerständen als Bauteil zusätzlich (kurz) zu thematisieren.

In den weiteren Aufgaben (Abb. 5.4) wird die Funktionsweise von Schaltung und Programmierung in Kombination von den Schülerinnen und Schülern näher betrachtet. Also:

„Was geschieht denn eigentlich beim Ausführen des Programmes?"

Im Speziellen sollen die Schülerinnen und Schüler erkennen, wie oft die LED mit der vorgegebenen Programmierung leuchtet. In den folgenden Schritten werden Programmierung und Schaltung entsprechend so angepasst, dass sie den neuen Anforderungen gerecht werden können.

Zum einen ist die Veränderung des An-Aus-Zyklus der LED und deren „Blink-Häufigkeit" gefordert. Hier muss die Programmierung entsprechend angepasst werden. Zum anderen soll die Schaltung ergänzt werden, um eine weitere LED anzusteuern und beide LEDs im Wechsel aufleuchten zu lassen. Hier muss sowohl Schaltung als auch Programmierung verändert werden.

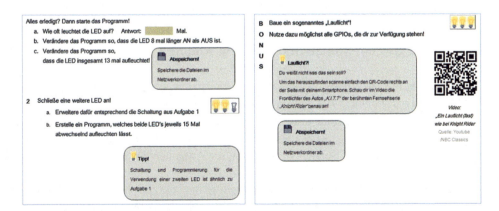

Abb. 5.4 Lernsequenz 2 – Aufgabe 1 + Bonus

Die bereits erlernten Befehle zur Ansteuerung eines Bauteils (hier LED) müssen für die Nutzung weiterer Bauteile, welche an anderen GPIOs angeschlossen sind, entsprechend verändert werden. Hierbei wird der Zusammenhang zwischen verwendetem GPIO, angesteuertem Bauteil und dem dazugehörigen Befehl deutlich. Also:

„Wie hängen Schaltung, genutzte GPIOs und Befehle innerhalb der Programmierung miteinander zusammen?"

Grundlegend realisieren die Schülerinnen und Schüler in dieser Lernsequenz ihren ersten eigenen Algorithmus in Form eines Programms durch die Kombination von Schaltung und Programmierung.

▶ Algorithmus – Bei einem Algorithmus handelt es sich um eine Verarbeitungsvorschrift, welche aus einer (1) *endlichen* Folge von (2) *eindeutig* (3) *ausführbaren* Anweisungen besteht, mit welcher man zahlreiche Aufgaben der (4) *gleichen Art* lösen kann.

Somit handelt es sich bei einem Algorithmus um eine Verarbeitungsvorschrift, welche vorgibt, wie bestimmte Eingabegrößen Schritt für Schritt in Ausgabegrößen umgewandelt werden.

Eigenschaften eines Algorithmus:

(1) Endlichkeit:	Ein Algorithmus setzt sich aus einer endlichen Anzahl von Anweisungen mit endlicher Länge zusammen.
(2) Eindeutigkeit:	Die Reihenfolge der Abarbeitung der Anweisungen ist festgelegt und unterliegt nicht der Willkür.
(3) Ausführbarkeit:	Die einzelnen Anweisungen des Algorithmus sind für den Ausführenden (Prozessor) verständlich und ausführbar.
(4) Allgemeingültigkeit:	Ein Algorithmus lässt sich auf alle Aufgaben des gleichen Typs anwenden und führt bei korrekter Anwendung zum gewünschten Resultat. (vgl. Engelmann 2004)

5.2.2 Didaktischer Kommentar zur Lernsequenz 2

Zentral bei der Bearbeitung dieser Lernsequenz ist das selbstständige Arbeiten der Schülerinnen und Schüler. Aus diesem Grund bietet es sich an, diese Phase handlungsorientiert zu gestalten. Auf eine ausgiebige Instruktion des Informationsteils im Grundlagenskript am Anfang der Sequenz kann (nahezu) verzichtet werden. Erfahrungsgemäß sind die Schülerinnen und Schüler in der Lage, die Aufgaben der Einheit eigenständig zu bearbeiten.

Wichtig ist es, den Schülerinnen und Schülern in der Anfangsphase im Umgang mit dem RPi und der Programmiersprache genügend Zeit für eigene Fehler und Erfahrungen einzuräumen.

5.2 Lernsequenz 2: Die Grundbausteine von Algorithmen – Sequenz

▶ Beim Erlernen einer Programmiersprache, und hier speziell beim Erstellen von Schaltungen und dazugehöriger Programmierung, gilt ein wichtiger (wenn auch banal klingender) Grundsatz:

„Der Weg ist das Ziel."

▶ Im Bewältigen eigener individueller Probleme bei der Realisierung einer Schaltung beziehungsweise deren Programmierung steckt großes Potenzial für Lernzuwächse. Häufig sind die Schwierigkeiten, welche sich den Schülerinnen und Schülern beim Lösen der Probleme in den Weg stellen, sehr verschieden.

„Fehler sind nicht nur erwünscht, sie sind wichtige Grundlage für Erkenntnisgewinn!"

▶ Der eigentliche Erkenntnisgewinn erfolgt weniger durch Plug & Play, sondern durch die „Verflixt, wieso funktioniert das nicht?"-Momente. Eben genau an diesen Stellen im Problemlöseprozess entsteht die Notwendigkeit der Fehlersuche. Auf der Suche nach dem eigentlichen Fehler beschäftigen sich die Schülerinnen und Schüler nahezu beiläufig mit der zugrundliegenden Problemstellung, üben den Umgang mit dem RPi, analysieren die Funktionsweise von Schaltung und Programm und erkennen deren zentralen Zusammenhänge (vgl. Humbert 2006).

Den Schülerinnen und Schülern können in dieser ersten Phase keine gravierenden Fehler unterlaufen, welche den RPi oder die Zusatzplatine beschädigen könnten. Wenn die LED in diesem ersten Schritt nicht leuchtet, liegt der Fehler häufig daran, dass die Schülerinnen und Schüler die Durchflussrichtung der LED nicht beachtet haben. Das heißt Anode und Kathode der LED wurden vertauscht.

Die Schülerinnen und Schüler müssen wissen, wie man Anode und Kathode an der LED unterscheiden kann.

Beispielsweise:

Langes Beinchen → Anode → Anschluss an Plus-Pol
Kurzes Beinchen → Kathode → Anschluss an Minus-Pol

Optional lassen sich in dieser Lernsequenz die Codierung der Widerstände beziehungsweise die Möglichkeiten zur Erkennung verschiedener Widerstandsgrößen aufgreifen.
Beispielsweise:

Erkennen der Widerstandsgröße mithilfe der Farbcodierung
Messen der Widerstandsgröße mithilfe des Universalmessgerätes

Der Fehler, dass die LED falsch gepolt eingesetzt wird, tritt in der Regel nicht bei allen Gruppen auf. Manche werden auch rein zufällig die LED richtig herum einsetzen. Es bietet sich deshalb an, dieses Problem in einer kurzen Sicherungsphase zu thematisieren.

Weitere gängige Fehlerquellen sind beschädigte Bauteile, eine fehlerhafte Verkabelung der Schaltung, Wackelkontakte (besonders zwischen Bauteil und Steckbrett) oder auch falsch geschriebene Befehle innerhalb der Programmbausteine.

Aus den Erfahrungen der bisher durchgeführten Kurse zeigt sich, dass besonders dieser Anfang für Schülerinnen und Schüler schwierig sein kann. Sowohl der Bau der Schaltung als auch das Programmieren in einer (bisher noch) unbekannten Programmiersprache werden von manchen als relativ schwierige Einstiegsproblematik wahrgenommen.

Auch der Problemlöseprozess bis hin zur funktionsfähigen programmierten LED kann für die Schülerinnen und Schüler relativ herausfordernd sein. Hier gilt es, den Lernenden ausreichend Zeit zu geben, um eigenständig das Problem zu lösen.

Erfahrungsgemäß lässt sich jedoch sagen:
Die Freude, sobald die LED zum ersten Mal aufleuchtet, ist dafür umso größer!

Während der gesamten Bearbeitungsphase war es stets vorteilhaft, wenn die Lehrkraft bei individuellen Problemen den einzelnen Schülerinnen und Schülern beziehungsweise Gruppen unterstützend zur Seite stand. Stichwort: „Lernbegleiter"

Die Erfahrungen zeigen, dass die Schülerinnen und Schüler gerade am Anfang selbstständig arbeiten und ausprobieren möchten und somit wenig aufnahmefähig für die Instruktionen durch die Lehrkraft sind. Fehler dürfen gemacht werden und helfen oftmals sogar für das tiefere Verständnis.

Gewinnbringend sind im Rahmen der abschließenden Ergebnissicherung dann gemeinsame Fehleranalysen. Somit werden die Schülerinnen und Schüler nochmals dazu aufgefordert, aufgekommene Fehler in eigenen Worten im Plenum zu beschreiben und (falls vorhanden) ihre eigens entwickelten Lösungsstrategien zu erklären.

Die gemeinsame Besprechung aufgekommener Fehler im Plenum sensibilisiert die Schülerinnen und Schüler zudem für mögliche Fehlerquellen, welche ihnen selbst nicht unterlaufen sind.

▶ Wichtig für die Fehleranalyse innerhalb des Plenums ist es, dass alle Schülerinnen und Schüler das analysierte Programm oder die Schaltung direkt vor Augen haben. Hierbei haben sich folgende Hilfsmittel als praktisch erwiesen:
Visualizer → Vorführen der Schaltung
VNC → Vorführen der Programmierung (in Echtzeit) (siehe Abschn. 3.2.5.2)

5.2.2.1 Didaktische Anmerkungen zur Programmiersprache Scratch

Die grafische Programmierumgebung von Scratch ist relativ intuitiv in ihrer Handhabung und ermöglicht den Schülerinnen und Schülern erfahrungsgemäß eine eigenständige Einarbeitung.

Erste Erfahrungen innerhalb der Programmierumgebung konnten bereits in Lernsequenz 1 gesammelt werden. Mithilfe der aufgezeigten Programmierbausteine auf dem Aufgabenblatt sind die Schülerinnen und Schüler in der Lage, die entsprechenden Programmierungen zu erstellen.

5.2 Lernsequenz 2: Die Grundbausteine von Algorithmen – Sequenz

Im Regelfall hat man mehrere Programmsequenzen (also mehrere separate „Programmblöcke"). Ein gängiges Problem am Anfang ist, dass trotz korrekter Schaltung und Programmierung die LED nicht aufleuchtet. Wichtig zu beachten ist, dass alle Programmblöcke gestartet werden!

Häufig wird das Starten des Initialisierungsblocks, durch welchen die GPIOs und die Zusatzplatine erst verwendbar sind, vergessen. Um diese Problematik zu verhindern, können alle Programmblöcke zeitgleich durch das Anklicken der grünen Fahne im oberen rechten Rand der Programmierumgebung gestartet werden (siehe Abb. 5.5).

In der Anfangsaufgabe wird die LED an Output 1 angesteuert. Äquivalent dazu können weitere LEDs beziehungsweise Aktoren an den übrigen Outputs 2–4 angeschlossen werden.

Dementsprechend muss der Befehl zum An- oder Ausschalten des Bauteils angepasst werden.

Generell lassen sich folgende Befehle für die Output-Anschlüsse der Zusatzplatine verwenden:

$$\text{output}^{+} [1\text{--}4] + [\text{on ; off ; high ; low}]$$

Auch die Befehle zur Programmierung der Input-Pins, der Touchpads, der integrierten LEDs, der Motorpins oder der allgemeinen Stiftleiste des „Explorer HAT Pro" setzen sich nach diesem oben gezeigten Prinzip zusammen.

▶ Befehle setzen sich in der Regel nach dem folgenden Prinzip zusammen:
[Bezeichnung des Anschlusses] + [Nr. des Anschlusses] + [Befehl für den jeweiligen Anschluss]

Speziell beim Lesen der Schaltpläne fällt erfahrungsgemäß auf, dass es Schülerinnen und Schülern prinzipiell einfacher fällt, mit den eher „abstrakten" Schaltplänen mit Schaltsymbolen zu arbeiten als mit den „realen" Schaltplanabbildungen.

Des Weiteren wird den Schülerinnen und Schüler schnell deutlich, dass die ausschließliche Verwendung der Befehlsbausteine „output1on" und „output1off" allein nicht ausreichen, um ein sichtbares Blinken der LED zu erzeugen. Hier wird die Bedeutung der Wartebefehle deutlich, die notwendig sind, um eine LED über längere Zeit (zum Beispiel zwei Sekunden) anzuschalten.

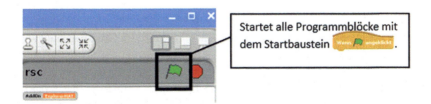

Abb. 5.5 Programmstart Scratch

An dieser Stelle kann die Schnelligkeit, mit welcher Rechner in der Lage sind, einzelne Befehle abzuarbeiten, aufgegriffen werden.

5.2.2.2 Didaktische Anmerkungen zur Programmiersprache Python

Der Einstieg in die Programmiersprache Python ist recht einfach. Mit Hilfe des Befehls „Import" können verschiedene Bibliotheken/Module in den Editor importiert werden. Diese Module enthalten Funktionen, die nicht selbst programmiert werden müssen. Dank dieser Module ist es für Schülerinnen und Schüler recht einfach, schnell in Python erste Programme zu schreiben, da komplexe Funktionen einfach importiert werden können. Es bietet sich an, gerade bei größeren Programmen, Kommentare in die Programmierung einzufügen. Setzt man das Zeichen „#", so wird nachfolgender Text rot markiert. Diese Wörter oder Sätze werden bei der Ausführung des Programms nicht beachtet. Hieraus ergibt sich die Möglichkeit, den Zeilen Nummern zu geben. Bei Besprechungen im Plenum können so alle Schülerinnen und Schüler schnell die Zeile finden, über die gerade gesprochen wird. Darüber hinaus kann man aber auch Erklärungen oder Überschriften in die Python-Programmierung einfügen.

Eine Schwierigkeit, die sich für die Schülerinnen und Schüler ergeben könnte, wurde bereits in Abschn. 3.2.7.2 kurz angesprochen: Die physikalische Belegung der Output-Nummer stimmt nicht mit der Nummer in der Programmierung überein. Es gilt Folgendes zu beachten:

Programmierung		Physikalisch
Output[0]	=	Output 1
Output[1]	=	Output 2
Output[2]	=	Output 3
Output[3]	=	Output 4

Auch die Befehle zur Programmierung der Input-Pins, der Touchpads, der integrierten LEDs, der Motorpins oder der allgemeinen Stiftleiste des „Explorer HAT Pro" setzen sich nach diesem oben gezeigten Prinzip zusammen.

5.3 Lernsequenz 3: Die Grundbausteine von Algorithmen – Schleife

5.3.1 Inhalt der Lernsequenz 3

In dieser Lernsequenz wird der Schleifen-Befehl eingeführt. Im Grundlagenteil (Abb. 5.6) wird zunächst ein Problembewusstsein für die Notwendigkeit von Schleifen geschaffen. Die Schülerinnen und Schüler beschäftigen sich im Aufgabenskript (Abb. 5.6) dann mit den beiden Schleifentypen „Endlosschleife" und „gezählte Schleife". Neben der (erstmaligen) Verwendung von Schleifen, werden die Schülerinnen und Schüler aufgefordert, verschiedene vorgegebene Programme auf ihre Funktion hin genau zu untersuchen (Abb. 5.7).

5.3 Lernsequenz 3: Die Grundbausteine von Algorithmen – Schleife

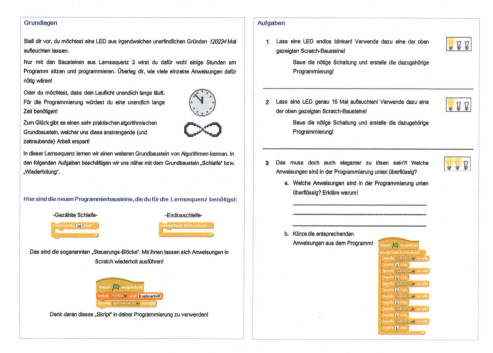

Abb. 5.6 Lernsequenz 3 – Grundlagen und Aufgaben 1–3

5.3.2 Didaktischer Kommentar zur Lernsequenz 3

Das Grundprinzip der Schleife, als Möglichkeit Programmbefehle auf bestimmte Art und Weise zu wiederholen, erschließt sich den Schülerinnen und Schülern in der Regel relativ schnell. Diese Einheit knüpft nahtlos an Lernsequenz 2 an. In der Regel erkennen einige Schülerinnen und Schüler bereits im Laufe von Lernsequenz 2, dass sich die Befehle, die man benötigt, um eine LED blinken zu lassen, innerhalb der Sequenz fortlaufend wiederholen.

Spätestens wenn die Lernenden mit der Aufgabe konfrontiert werden, eine LED endlos blinken zu lassen, wird die Notwendigkeit der Schleife deutlich. Zudem wird schnell klar, dass durch die Verwendung von Schleifen ein Großteil der Schreibarbeit zur Programmerstellung wegfällt.

Oftmals kommt es bei den Schülerinnen und Schüler beim erstmaligen Verwenden von Schleifen zu einer regelrechten Erleichterung.

> „Endlich muss ich die Befehle nicht mehr einzeln eintippen. Mit der Schleife geht das viel schneller und entspannter!"

Es bietet sich an, die Analyse der vorgegebenen Programme gemeinsam im Plenum durchzuführen. Sinnvoll ist es, einzelne Schülerinnen oder Schüler aufzufordern, die einzelnen Programmbefehle der Reihe nach Schritt für Schritt zu erklären und deren Funktion in eigenen Worten zu beschreiben.

Abb. 5.7 Lernsequenz 3 – Bonusaufgaben

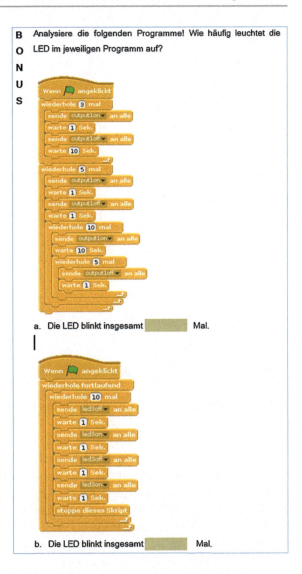

Durch das kleinschrittige Untersuchen des jeweiligen Programms wird nochmals der grundlegende Ablauf der Programmsequenz deutlich. Zum anderen wird das „Springen" vom Ende der Schleife an den Anfang der Schleifenstruktur nochmals nachvollzogen.

Generell verläuft die Bearbeitung der einzelnen Aufgaben der Lernsequenz 3 im Vergleich zu Lernsequenz 2 relativ zügig durch.

5.3.2.1 Didaktische Anmerkungen zur Programmiersprache Scratch

Wie bereits oben erwähnt, ist die Programmierumgebung von Scratch sehr intuitiv und in großen Stücken selbsterklärend. Nicht selten wird der Schleifenbaustein bereits während der Bearbeitung der Aufgaben von Lernsequenz 2 von den Schülerinnen und Schülern

5.3 Lernsequenz 3: Die Grundbausteine von Algorithmen – Schleife

selbst entdeckt und verwendet. Die Erfahrungen zeigen, dass gerade die leistungsstarken Schülerinnen und Schüler die Vorteile des Schleifenbausteins schnell erkennen.

Eine weitere Lösungsstrategie, welche häufig im Laufe von Lernsequenz 2 zu beobachten ist, stellt das Kopieren und Einfügen bereits vorhandener Befehlssequenzen dar. Durch die copy & paste-Funktion werden händisch, ohne die vorherige Kenntnis über gezählte Schleifen, Programmbefehle entsprechend aneinandergereiht und wiederholt.

Diese Lösungsstrategie lohnt sich im Rahmen der gezählten Schleife nochmals im Laufe der Ergebnissicherung von Lernsequenz 3 aufzugreifen.

▶ Durch das Aufgreifen verschiedener Lösungsstrategien für ein spezifisches Problem wird den Schülerinnen und Schülern eine wichtige Facette der Programmiertätigkeit bewusst gemacht. Beim Programmieren gibt es nicht die eine „richtige" Lösung. Jedoch gibt es elegante und weniger elegante Lösungen für ein bestimmtes Problem.
  Wichtige Erkenntnis hierbei:

  „Viele Wege führen nach Rom. Zunächst einmal unabhängig davon, ob steinig, gepflastert oder geteert."

5.3.2.2 Didaktische Anmerkungen zur Programmiersprache Python

Im Gegensatz zu Scratch lässt Python weitaus weniger selbstentdeckendes Arbeiten zu. Da die Bausteine bei Scratch an der Seite bereits vorgegeben sind, entdecken die Schülerinnen und Schüler häufig schon selbst den nächsten Baustein. Bei einer textbasierten Programmiersprache gibt es diese Möglichkeit nicht. Dennoch werden leistungsstarke Schülerinnen und Schüler bereits in Lernsequenz 2 nach einer einfacheren Möglichkeit fragen, statt 15 Mal den gleichen Befehl einzugeben. Einige werden die Funktion „copy & paste" nutzen. Diese Vorgehensweise und die Frage nach einer weniger zeitaufwendigen Lösung kann als Überleitung zum Schleifen Befehl genutzt werden.

In einer Sicherungsphase sollten die Programmierbausteine für die Endlos-Schleife und gezählte Schleife thematisiert werden. Eine Leitfrage für die Endlos-Schleifen könnte sein:

„Was macht die Bausteine der Endlos-Schleife ‚endlos'?"

Eine weiterführende Frage könnte sein:

„Was müsste verändert werden, dass diese beiden Schleifen nicht mehr endlos sind?"

Oder auch:

„Wie könnte ich die Schleifen verändern, ohne dass sie ihren „Endlos"-Charakter verlieren?"

Mit Hilfe dieser oder ähnlicher weiterführenden Fragen kann den Schülerinnen und Schülern die Logik hinter diesen Bausteinen klarer werden.

Stolpersteine ergeben sich vor allem aus der korrekten Schreibweise. So ist beispielsweise der Doppelpunkt am Ende einer Schleife besonders wichtig, da er eine eingerückte Zeile bewirkt. Diese eingerückte Zeile enthält die Befehle, die wiederholt werden sollen. Bei der Bonusaufgabe eignet sich die Methode Think-Pair-Share (vgl. Bönsch und Kaiser 2002). Die Schülerinnen und Schüler werden auf unterschiedliche Lösungen gelangen. Die Methode zielt auf einen diskussionsartigen Austausch ab. Die Schwierigkeit besteht darin, zu verstehen, dass der Unterschied in der Position des „Break-Befehls" liegt. Befindet sich der Break-Befehl innerhalb (in der eingerückten Zeile) einer Schleife, bricht der Befehl die Schleife ab. Liegt er außerhalb, wird die Schleife ausgeführt und erst danach wird das Programm unterbrochen.

5.4 Lernsequenz 4: Der Ton macht die Musik

5.4.1 Inhalt der Lernsequenz 4

In dieser Lernsequenz beschäftigen sich die Schülerinnen und Schüler mit der Erzeugung von Tönen und der Programmierung eigener Lieder. Die Schülerinnen und Schüler lernen den Lautsprecher als weiteren Aktor kennen, welcher durch geeignete Programmierung gewünschte Töne erzeugt. Zunächst werden in den Grundlagen (Abb. 5.8) der prinzipielle Aufbau und die Funktionsweise des Lautsprechers näher erläutert.

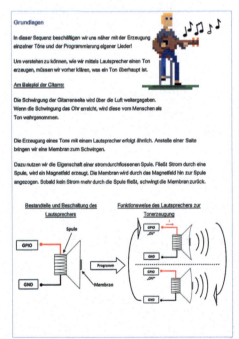
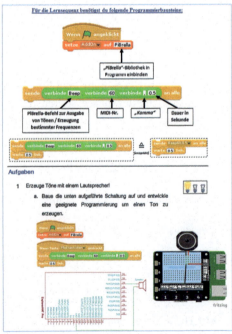

Abb. 5.8 Lernsequenz 4 – Grundlagen und Aufgabe 1

5.4 Lernsequenz 4: Der Ton macht die Musik

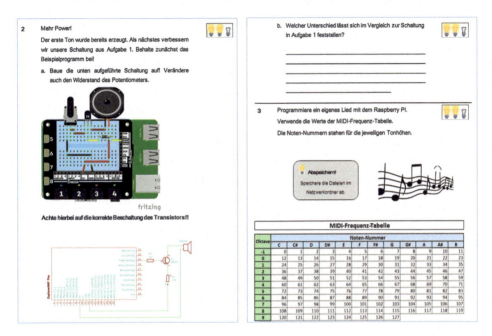

Abb. 5.9 Lernsequenz 4 – Aufgabe 2–3

Im Aufgabenskript dürfen die Schülerinnen und Schüler die Töne selbstständig erzeugen. Zudem lernen sie den Transistor als Verstärker kennen (Abb. 5.9).

Im Zentrum dieser Lernsequenz steht das Programmieren eines eigenen oder bekannten Liedes (z. B. „Alle meine Entchen") Hierzu steht eine sogenannte MIDI-Tabelle zur Verfügung, aus welcher die entsprechenden Zahlenwerte für die einzelnen Tonhöhen zu entnehmen sind (Abb. 5.9).

5.4.2 Didaktischer Kommentar zur Lernsequenz 4

Die Erfahrungen zeigen, dass die Schülerinnen und Schüler sehr viel Freude an dieser Lernsequenz haben. Die Motivation, ein eigenes Lied zu programmieren, bewegt die Schülerinnen und Schüler dazu, die einzelnen Tonbefehle zu erstellen und in einer geeigneten Reihenfolge anzuordnen. Auch bereitet es großen Spaß, die eigenen Lieder den Mitschülern innerhalb des Plenums vorzuführen.

Für den Einstieg in diese Einheit bietet es sich an, beispielsweise eine Gitarre (oder auch ein anderes Saiteninstrument) mitzubringen, um mit dessen Hilfe die Erzeugung und Weitergabe eines Tons zu thematisieren. Logischerweise sind die Schwingungen der einzelnen Saiten der Gitarre für die Schülerinnen und Schüler nur bedingt sichtbar, da die Schwingungsfrequenz für das menschliche Auge nur als verschwommen wahrnehmbare Bewegung zu sehen ist. Gegebenenfalls kann zur zusätzlichen Visualisierung eine Zeitlupenaufnahme der Gitarrenschwingung in Form eines Videos gezeigt werden. Im Internet finden sich hierzu eindrucksvolle Zeitlupenaufnahmen!

Im Anschluss werden die anhand der Gitarre gewonnenen Erkenntnisse auf die Funktionsweise des Lautsprechers übertragen. Schnell wird klar: Um mit dem Lautsprecher einen Ton zu erzeugen, muss die Membran in Schwingung gebracht beziehungsweise die Spule in regelmäßigen zeitlichen Abständen mit Strom durchflossen oder nicht durchflossen werden.

Die Frequenz, mit der die Membran schwingt, ist für die Tonhöhe verantwortlich. Dabei gilt: Je größer die Frequenz der Schwingung, desto höher ist der Ton. Die Amplitude der Schwingung bestimmt dabei die Lautstärke des erzeugten Tons. Um einen reinen Ton (zum Beispiel Kammerton A) zu erzeugen, muss an den Lautsprecher eine Sinusspannung mit einer genau definierten Frequenz (für Kammerton A sind das 440 Hz, also 440 Schwingungen pro Sekunde) angelegt werden. Über den PWM-Ausgang (Pulsweitenmodulation) des Raspberry Pi beziehungsweise des Explorer HAT Pro erzeugen wir allerdings kein Sinus-, sondern näherungsweise ein Rechtecksignal mit der entsprechenden Frequenz. Wir können somit keine HiFi-Qualität mit unseren bescheidenen Mitteln erwarten. Die Tonhöhen sind deutlich erkennbar und voneinander abgrenzbar, klingen aber auch etwas „blechern", da die Rechtecksignale immer noch zusätzlich zur Sinusschwingung entsprechende Oberschwingungen mitführen. Durch entsprechende Filterschaltungen lassen sich elektronisch die erzeugten Signale verbessern, der Aufwand wäre für unsere Zwecke aber unverhältnismäßig hoch.

▶ Vorsicht ist in Aufgabe 2 geboten, bei welcher erstmals der Transistor als Verstärker zum Einsatz kommt. Hier kann es bei falscher Beschaltung des Transistors zu einem Kurzschluss kommen, welcher den RPi sowie die Zusatzplatine Explorer HAT Pro dauerhaft beschädigen kann. Um dies zu vermeiden, sollte die Lehrkraft das Anschließen der Spannungsquelle nach ausgiebiger Kontrolle der Transistorschaltung selbst durchführen.

Der Transistorverstärker ist extrem einfach gehalten, so dass man mit möglichst wenigen Bauteilen schnell zum Erfolg, d. h. zur „lauten" Musik kommt. Auch hier gibt es Möglichkeiten der Qualitätsverbesserung (Arbeitspunkteinstellung über Spannungsteiler am Verstärkereingang, kapazitive Ein- und Auskopplung der Signale, Aufbau von mehrstufigen Verstärkern etc.). Auch könnte man anstatt einer Transistor- eine Operationsverstärkerschaltung nutzen. Solche Aspekte wären eventuell im Berufsschulbereich interessant oder im Rahmen eines Technikprojekts tiefergehend zu thematisieren.

Verwendet man einen Lautsprecher mit einem Spulenwiderstand von 8Ω, sind die erzeugten Töne auch ohne Verstärker erfahrungsgemäß ausreichend laut, so dass man an dieser Stelle auf die Verstärkerschaltung verzichten kann. Bei einem höheren Spulenwiderstand ist der Einsatz eines Verstärkers aber empfehlenswert.

Für Aufgabe 3 sollte man verschiedene Notenblätter zu bekannten Liedern den Schülerinnen und Schülern zur Verfügung stellen. Oftmals fällt die Auswahl auf bestimmte Lieder, welche sich mithilfe eines einzelnen Lautsprechers nicht realisieren lassen oder für den Bearbeitungszeitraum zu umfangreich sind. Die Auswahl einzelner Lieder sollte in Absprache mit der Lehrkraft erfolgen oder gegebenenfalls ganz vorgegeben werden. Jedoch gilt es zu bedenken, dass die von Schülerinnen und Schülern selbst ausgewählten Lieder in der Regel einen weitaus größeren Motivationsfaktor darstellen.

5.4.2.1 Didaktische Anmerkungen zur Programmiersprache Scratch

Für diese Lernsequenz 4 wird ein GPIO benötigt, an dem über einen Transistor ein Lautsprecher angesteuert wird. Für die Initialisierung in Scratch bedienen wir uns eines kleinen „Kunstgriffes".

Im Gegensatz zu den vorherigen Lernsequenzen verwenden wir anstatt der Bibliothek „ExplorerHAT" nun die Bibliothek einer anderen Zusatzplatine namens „PiBrella". Hierbei wird dem RPi vorgegaukelt, dass die Zusatzplatine „PiBrella" aufgesteckt ist.

Vorteil hierbei ist nun Folgendes:

Die Befehle der „PiBrella"-Bibliothek können verwendet werden, um mit dem PWM-GPIO des RPi beziehungsweise des Explorer HATs Töne in bestimmten Frequenzen zu erzeugen.

Häufig ist dieser „Kunstgriff" für die Schülerinnen und Schüler nur schwer nachvollziehbar, da es sich beim Einbinden von Bibliotheken (und somit eines neuen Befehlssatzes) um ein recht abstraktes Vorgehen handelt. Hier genügt es, die Schülerinnen und Schüler darauf aufmerksam zu machen, dass in dieser Lernsequenz ein anderer Variablenwert für die Variable „AddOn" einzutragen ist. Auf nähere Erläuterungen kann bewusst verzichtet werden.

Leider kann durch einfaches Anschließen des Lautsprechers an einer der Outputs und dessen Programmierung über Scratch mit den bereits bekannten Befehlen [output] + [1 ... 4] + [high;low;on;off] und dem Wartebefehl kein Ton erzeugt werden.

Der Grund hierfür findet sich in der Art und Weise, wie die Programmierumgebung Scratch die einzelnen Befehle abarbeitet. Da Scratch eine Interpretersprache ist, hängt die Geschwindigkeit, mit der ein Befehl abgearbeitet wird auch von der CPU-Auslastung des RPis ab und unterliegt somit relativ starken Schwankungen. Die Schwankungen sind für Programme, welche zeitlich sehr genau arbeiten müssen (wie in diesem Fall zur Erzeugung bestimmter Frequenzen), ein großes Problem.

Mit der Ansteuerung über den schnellen PWM-GPIO wird dieses Problem, wie oben beschrieben, aber elegant gelöst.

In manchen Fällen kommt beim Ausführen des Programms kein Ton aus dem Lautsprecher.

Hier helfen das Abspeichern des Programms und das Neustarten des gesamten RPis. In der Regel schafft dieses Vorgehen Abhilfe.

Oftmals verfolgen die Schülerinnen und Schüler aufgrund der vorhandenen Befehle unter der Kategorie „Klang" keine zielführenden Lösungsansätze. Der Grundgedanke dahinter mag sinnvoll erscheinen, jedoch kann man mit ihnen keinen Ton mit dem (am GPIO angeschlossenen) Lautsprecher erzeugen.

Abb. 5.10 Scratch – Kategorie Klang

Allerdings besteht die Möglichkeit, über einen angeschlossenen HDMI-Bildschirm mit integriertem Lautsprecher die Befehle in der Kategorie „Klang" zu nutzen und damit Musik zu erzeugen (siehe Abb. 5.10). Das physikalische Prinzip der Tonerzeugung kann damit aber eher nicht vermittelt werden.

Gegebenenfalls kann zu Beginn der Lernsequenz darauf aufmerksam gemacht werden, dass diese Befehle nicht zur Tonerzeugung beim Lautsprecher am GPIO verwendet werden dürfen.

5.4.2.2 Didaktische Anmerkungen zur Programmiersprache Python

Die Lernsequenz 4 zeigt, wie kompliziert eine textbasierte Programmiersprache oftmals werden kann. Aus diesem Grund bietet es sich an, die einzelnen Bausteine an dieser Stelle nicht weiter zu thematisieren. Mit leistungsstärkeren Schülerinnen und Schüler kann man die Funktionsweise der Pulsweitenmodulation, zu einem späteren Zeitpunkt, genauer besprechen. Die Lernsequenz soll den Schülerinnen und Schülern in erster Linie Freude bereiten. Nebenbei lernen sie das physikalische Bauteil Lautsprecher und seine Funktionsweise kennen und erfahren, wie dieser mit Hilfe einer Programmierung angesteuert werden kann.

5.5 Lernsequenz 5: Die Grundbausteine von Algorithmen – Bedingung

5.5.1 Inhalt der Lernsequenz 5

In dieser Lernsequenz lernen die Schülerinnen und Schüler den Grundbaustein Bedingung kennen. Eine Bedingung ermöglicht Alternativen. Das heißt, erst wenn eine Bedingung erfüllt (oder nicht erfüllt) ist, läuft ein bestimmtes Programm ab. Die Alternative ist, dass es nicht abläuft. Hierzu gibt es viele Beispiele aus der Lebenswelt der Kinder, die zur Einführung genutzt werden können. Im Grundlagenskript (Abb. 5.11) werden diesbezüglich einige Beispiele thematisiert.

Im dazugehörigen Aufgabenskript (Abb. 5.11) sollen die Schülerinnen und Schüler nun verschiedene Bedingungen und ihre Umsetzung mit dem Raspberry Pi kennenlernen. Darüber hinaus erarbeiten sich die Schülerinnen und Schüler in dieser Lernsequenz den

5.5 Lernsequenz 5: Die Grundbausteine von Algorithmen – Bedingung

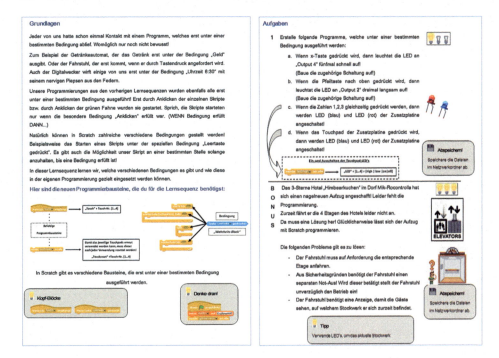

Abb. 5.11 Lernsequenz 5 – Grundlagen und Aufgaben

Input-Befehl, die integrierten LEDs und die integrierten Touchpads des Explorer HAT's. Als Differenzierungsaufgabe dient die Bonusaufgabe. In der sollen die Schülerinnen und Schüler einen Fahrstuhl programmieren, der verschiedenen Anforderungen entsprechen muss. An dieser Aufgabe kann man erkennen, wie lebensnah die Thematik ist. Nach gerade einmal fünf Lernsequenzen wurden die Grundlagen geschaffen, einen Aufzug zu programmieren. Gerade das sollte den Schülerinnen und Schülern in einer Plenumsphase deutlich gemacht und so auch gewürdigt werden.

5.5.2 Didaktischer Kommentar zur Lernsequenz 5

In der Regel fällt es den Schülerinnen und Schüler nicht schwer, die Funktion einer Bedingung innerhalb des Algorithmus nachzuvollziehen. Bisher noch unbewusst haben sie bereits einige spezielle Bedingungen in den vorherigen Lernsequenzen kennengelernt, beispielsweise beim Drücken einer bestimmten Taste als Startbedingung für das Abspielen eines Programmes oder das Beenden einer gezählten Schleife, bei welcher eine bestimmte Anzahl an Durchläufen als Bedingung herangezogen wird, um mit dem Programm fortzufahren.

Speziell die bereits bekannten Startbedingungen (Tastendruck, Anklicken der grünen Fahne etc.) können für den Einstieg in diese Lernsequenz herangezogen werden. Auch

Alltagssituationen, in welchen Schülerinnen und Schüler (wenn auch unbewusst) Algorithmen mit bestimmten Startbedingungen begegnen, können gut aufgegriffen werden.

Beispielsweise kann das „Drücken der Taste am Fußgängerüberweg" oder das „Betätigen einer bestimmten Taste am Getränkeautomaten" genutzt werden, um den Grundbaustein „Bedingung" verständlich und nachvollziehbar einzuführen.

5.5.2.1 Didaktische Anmerkungen zur Programmiersprache Scratch

In der Programmiersprache Scratch fällt es den Schülerinnen und Schülern erfahrungsgemäß einfach, die Funktion der Startbedingungs-Bausteine zu verstehen und in den eigenen Programmen zu verwenden.

Vergleichsweise schwierig ist es jedoch, die Funktionsweise von Bedingungen innerhalb von einzelnen Programmblöcken nachzuvollziehen. Für das Verständnis hilfreich erwies es sich, die Schülerinnen und Schüler dazu aufzufordern, das Programm Schritt für Schritt mit eigenen Worten nachzuvollziehen und „händisch" mit dem Finger abzufahren.

Wie bereits bei Lernsequenz 3 (Schleife) erwähnt, ist auch hier das „verbale" Ausführen der einzelnen Programmbefehle einzelner Programmblöcke in eigenen Worten für das Verständnis überaus gewinnbringend.

Eine besondere Bedingung, die in der Lernsequenz 5 vorgestellt wird, gilt es nochmals genauer zu betrachten. Der Explorer HAT Pro verfügt über insgesamt 8 kapazitive Touchpads. Das Drücken eines solchen Touchpads kann als Bedingung für den Start einer Sequenz verwendet werden.

Hier ist es wichtig zu beachten, dass das Touchpad nach jeder einzelnen Verwendung (also Betätigung durch Druck) zurückgesetzt (reset) werden muss, um weiterhin zu funktionieren! Abb. 5.12 zeigt die entsprechende Programmierung.

Wir mussten leider die Erfahrung machen, dass die Verwendung der Touchpads der Zusatzplatine Explorer HAT Pro in Kombination mit Scratch nicht immer zuverlässig funktioniert. Vermutlich gibt es hier zeitkritische Effekte, die dazu führen, dass das System manchmal nicht

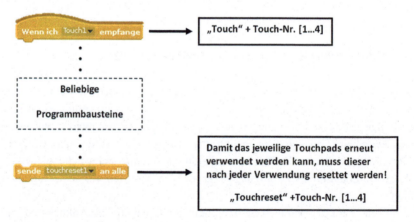

Abb. 5.12 Touchpad reset

5.5 Lernsequenz 5: Die Grundbausteine von Algorithmen – Bedingung

mehr auf einen Tastendruck reagiert. Sollte dieser Fehler trotz korrekt ausgeführtem Touchreset einmal auftreten, löst gegebenenfalls ein Neustart der Programmierumgebung oder ein Neustart des RPis das Problem.

Natürlich steckt in diesem technischen Problem ein hohes Frustrationspotenzial für die Schülerinnen und Schüler. Sollten die Touchpads trotz korrekter Programmierung und Neustart weiterhin nicht ordnungsgemäß funktionieren, sei angeraten (um unnötigen Frust zu vermeiden), die Aufgabe 1d (siehe Abb. 5.11) zu überspringen.

5.5.2.2 Didaktische Anmerkungen zur Programmiersprache Python

Mit steigender Komplexität steigen auch die Fehlerquellen und Stolpersteine für die Schülerinnen und Schüler. Schwierigkeiten, die sich ergeben können, sollen im Folgenden exemplarisch an ausgewählten Musterlösungen der Aufgabe 1 gezeigt werden.

In dieser Lernsequenz lernen die Schülerinnen und Schüler viele neue Programmierbausteine kennen. Der Input-Baustein (#4 Abb. 5.13) ist ein neuer Baustein und ist das Gegenstück zum print-Befehl. Mit dem print-Befehl wird etwas in der Shell ausgegeben, mit dem Input-Befehl etwas eingegeben. Die Eingabe muss mit der Enter-Taste bestätigt werden.

An dieser Stelle gibt es einige potenzielle Fehlerquellen. Wie bereits beschrieben, handelt es sich bei Python um eine textbasierte Programmiersprache. Aus diesem Grund sind Zeichen sowie Leerzeichen von zentraler Bedeutung. Es kann vorkommen, dass ein Programm einen Fehlercode anzeigt, weil ein Leerzeichen an einer Stelle vergessen wurde. Auch die Klammersetzung in Zeile 4 (Abb. 5.13) ist sehr wichtig. Diese wird benötigt, um, ähnlich wie beim print-Befehl, eine Nachricht in der Shell auszugeben. Bei der Musterlösung fallen die vielen Sonderzeichen auf. Diese potenziellen Fehlerquellen verlangen den Schülerinnen und Schüler eine hohe Sorgfalt ab. Sie müssen lernen, bei Fehlermeldungen zuerst die korrekte Schreibweise zu überprüfen.

In dieser Lernsequenz 5 nutzen die Schülerinnen und Schüler das erste Mal die integrierten LEDs und Touchpads des Explorer HAT Pro. Hierfür muss für jeden Touch eine Funktion definiert werden. Diese Funktion legt fest, welche Befehle beim Drücken des Touchpads ausgeführt werden sollen. Für schwache Schülerinnen und Schüler kann dies sehr verwirrend sein, ist aber unbedingt notwendig, um die Funktionsweise der Touchpads zu verstehen. Deshalb bietet sich an dieser Stelle ein Austausch an. Hierfür eignet sich die Methode „Placemat" (vgl. Esslinger-Hinz und Sliwka 2011). Der Code aus Abb. 5.14 wird

Abb. 5.13 Musterlösung Lernsequenz 5 Aufgabe 1a

```
import explorerhat                              #1
import time                                     #2


while True:                                     #3
    if input("Bitte Taste drücken:") == 'x':    #4
        for i in range (5):                     #5
            explorerhat.output[3].on()          #6
            time.sleep(0.5)                     #7
            explorerhat.output[3].off()         #8
            time.sleep(0.5)                     #9
```

Abb. 5.14 Musterlösung
Lernsequenz 5 Aufgabe 1d

```python
import explorerhat
import time

def Touch1 (channel, event):
    if event == 'press':
        explorerhat.light[0].on()
    if event == 'release':
        explorerhat.light[0].off()

def Touch2 (channel, event):
    if event == 'press':
        explorerhat.light[1].on()
    if event == 'release':
        explorerhat.light[1].off()

def Touch3 (channel, event):
    if event == 'press':
        explorerhat.light[2].on()
    if event == 'release':
        explorerhat.light[2].off()

def Touch4 (channel, event):
    if event == 'press':
        explorerhat.light[3].on()
    if event == 'release':
        explorerhat.light[3].off()

explorerhat.touch[0].pressed(Touch1)
explorerhat.touch[0].released(Touch1)

explorerhat.touch[1].pressed(Touch2)
explorerhat.touch[1].released(Touch2)

explorerhat.touch[2].pressed(Touch3)
explorerhat.touch[2].released(Touch3)

explorerhat.touch[3].pressed(Touch4)
explorerhat.touch[3].released(Touch4)
```

den Schülerinnen und Schüler dabei vorgegeben. Diese sollen sich eigene Notizen über die Funktionsweise der Programmierung machen. Im Anschluss daran gehen die Schülerinnen und Schüler in den Austausch und können so ihre Annahmen verifizieren oder falsifizieren. Mit dieser Vorgehensweise wird erreicht, dass sich alle Schülerinnen und Schüler mit der Programmierung auseinandersetzen.

5.6 Lernsequenz 6: Grundbausteine von Algorithmen – Verzweigung

5.6.1 Inhalt der Lernsequenz 6

In dieser Lernsequenz wird der Grundbaustein Verzweigung thematisiert. Diese Einheit knüpft an die Vorkenntnisse aus Lernsequenz 5 (Bedingung) an. Die Aufgabe besteht darin, einen Tresor zu realisieren (Abb. 5.15). Grundsätzlich handelt es sich hierbei um eine relativ offene Lernsequenz beziehungsweise beinhaltet recht offen gehaltene Aufgabenstellungen. In der Bonusaufgabe (Abb. 5.16) haben die Schülerinnen und Schüler die Möglichkeit, Aufgabe 1 in Bezug auf Sicherheitsaspekte zu verbessern.

5.6 Lernsequenz 6: Grundbausteine von Algorithmen – Verzweigung

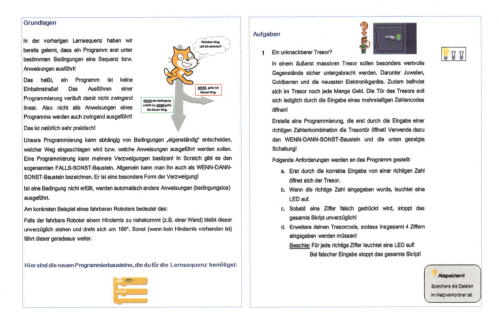

Abb. 5.15 Lernsequenz 6 – Grundlagen und Aufgaben

5.6.2 Didaktischer Kommentar zur Lernsequenz 6

In dieser Lerneinheit sind alle Kenntnisse aus den vorangegangenen Lernsequenzen erforderlich. Bei der Bearbeitung der Aufgabenstellung kommt es erfahrungsgemäß zu sehr unterschiedlichen Lösungsansätzen verschiedener Komplexität.

Der offene Charakter der Aufgabenstellung ermöglicht Schülerinnen und Schüler verschiedener Leistungsniveaus differenziert zu arbeiten und die Aufgabe 1 mit den bereits erlangten Programmierkenntnissen individuell zu lösen. Hierbei handelt es sich um ein erstes kleines Projekt innerhalb der Unterrichtseinheit „Grundelemente von Algorithmen".

Ein besonderes Augenmerk in dieser Lernsequenz muss auf zwei Bereichen liegen:

1.) Verstärkte individuelle Unterstützung der Schülerinnen und Schüler während der Bearbeitungsphase durch die Lehrkraft.
    - Aufgrund der zahlreichen verschiedenen Möglichkeiten, diese Aufgabe zu lösen, stoßen die Schülerinnen und Schüler im Laufe der Bearbeitungsphase auf sehr unterschiedliche Schwierigkeiten in der Umsetzung.
2.) Das Besprechen und die adäquate Würdigung der verschiedenen Lösungsansätze der Schülerinnen und Schüler unabhängig von der Komplexität ist ein zentraler Bestandteil für die Motivation und somit für das Gelingen der weiteren Lernsequenzen sowie der Projektphase.

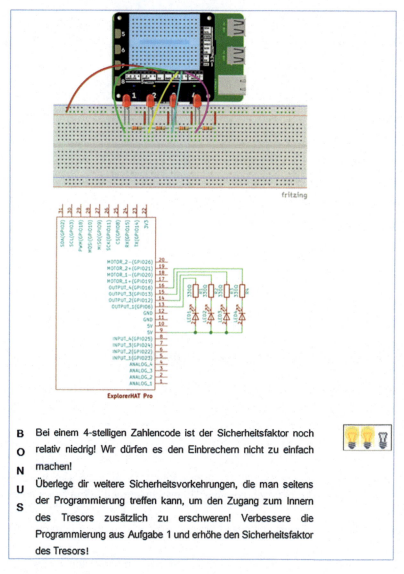

Abb. 5.16 Lernsequenz 6 – Bonusaufgabe

5.6.2.1 Didaktische Anmerkungen zur Programmiersprache Scratch

Um eine Passworteingabe für den Tresor zu realisieren, bedarf es mehrerer Bedingungsblöcke. Vielen Schülerinnen und Schülern ist beim Erstellen der Programmierung die hohe Abarbeitungsgeschwindigkeit der einzelnen Befehle nicht bewusst, so dass die Bedingungsblöcke vom Programm abgearbeitet werden, ohne dass der Benutzer Zeit hat zu reagieren, um den korrekten Code über die Tastatur einzugeben. Abhilfe schaffen hier zum Beispiel Wartebefehle, die man vor die entsprechenden Bedingungsabfragen setzen kann.

An dieser Stelle bedarf es gegebenenfalls Unterstützung durch die Lehrkraft. Die angesprochene Problematik hat aber gleichsam das Potenzial, ein tieferes Verständnis für zeitkritische Ereignisse in einem Programm zu erzeugen.

5.6.2.2 Didaktische Anmerkungen zur Programmiersprache Python

Die Aufgaben in Python lassen an dieser Stelle verschiedene Lösungswege zu. Je nach Lösungen der Schülerinnen und Schüler können die unterschiedlichen Vorgehensweisen besprochen und diskutiert werden. Die Aufgabe differenziert sich selbst. Durch die einzelnen Aufgabenteile a-d wird Schritt für Schritt der Programcode detaillierter. In einer abschließenden Plenumsphase können die verschiedenen Lösungswege besprochen und kritisch reflektiert werden. Wichtig ist dabei, dass jede Lösung wertgeschätzt werden soll. Wie bereits beschrieben, stellt diese Aufgabe ein kleines Projekt in der Unterrichtseinheit „Grundstrukturen von Algorithmen" dar. Aus diesem Grund soll den Schülerinnen und Schüler bereits hier ein gutes Gefühl für die Projektarbeit mit auf den Weg gegeben werden.

5.7 Lernsequenz 7: Verwendung von Variablen in Algorithmen

5.7.1 Inhalt der Lernsequenz 7

In dieser Lernsequenz tritt nun die „Variable" in den Fokus der Betrachtung. Diese wird zum Beispiel benötigt, um Signale von Sensoren zwischenspeichern zu können. Die Schülerinnen und Schüler sollen in einem ersten Schritt an den Begriff Variable herangeführt werden. Dabei ist es nützlich, den Begriff aus dem Mathematikunterricht aufzugreifen und anhand dessen weiter auszubauen.

Im Aufgabenskript sollen die Schülerinnen und Schüler, nachdem sie den Einführungstext gelesen haben, Variablen erkennen und benennen (Abb. 5.17). Dieser Schritt bildet eine wichtige Grundlage dafür, dass die Schülerinnen und Schüler im Verlauf selbstständig Variablen einfügen und programmieren können. Im nächsten Schritt sollen die Lernenden dann die gezeigte Schaltung nachbauen und herausfinden, was das vorgegebene Programm bewirkt. Sie werden erkennen, dass das Programm ein kleines Spiel beinhaltet. Beim Drücken des Tasters wird der Punktestand nach oben gezählt. Hier kommt erstmalig ein externer Taster als weiteres elektronisches Bauteil zum Einsatz. Die Schaltung funktioniert dabei am Explorer HAT Pro auch ohne Pulldown- oder Pullup-Widerstand (siehe Abschn. 3.1.3). Sollten Sie ohne den Explorer HAT Pro nur mit dem Raspberry Pi arbeiten, sind diese aber notwendig.

Im Aufgabenskript der Programmiersprache Python wurde eine zusätzliche Aufgabe eingebaut. In dieser sollen die Schülerinnen und Schüler einen einfachen Taschenrechner programmieren. Hierbei reicht es, wenn dieser zwei Variablen addiert. Mit Hilfe dieser Aufgabe sollen die Begriffe Datentyp, Variable und Zahl deutlich werden.

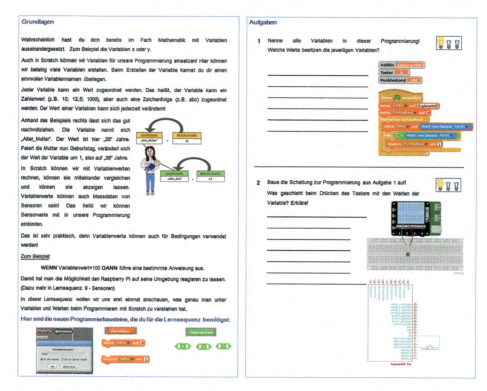

Abb. 5.17 Lernsequenz 7 – Grundlagen und Aufgaben

5.7.2 Didaktischer Kommentar zur Lernsequenz 7

5.7.2.1 Didaktische Anmerkungen zur Programmiersprache Scratch

In der Lernsequenz 7 werden erstmalig Signale von einem externen Sensor (Schalter) eingelesen. Hierfür wird der Programmierbaustein „Wert von Sensor inputx" (x steht für eine Zahl zwischen 1 und 4) genutzt. Klickt man auf den kleinen schwarzen Pfeil (ganz rechts im Programmierbaustein), erhält man eine Auflistung aller möglichen im Moment zur Verfügung stehenden Eingangssensoren. Sollte „inputx" nicht zur Verfügung stehen, empfiehlt es sich, die grüne Fahne des Programmierblocks zu betätigen und anschließend nochmal den schwarzen Pfeil auszuwählen. Die Einbindung von Variablen zur optischen Anzeige des Zustands eines Eingangssignals ist sehr hilfreich für das Programmverständnis und auch gegebenenfalls für die Fehlersuche.

5.7.2.2 Didaktische Anmerkungen zur Programmiersprache Python

Vielleicht wird der ein oder andere an dieser Stelle denken: „Verwendung von Variablen in Lernsequenz 7? Wir arbeiten doch bereits seit Lernsequenz 3 mit Variablen." Das ist richtig. Genau genommen funktioniert in Python fast nichts ohne Variablen. Allein das Konzipieren einer Endlos- oder gezählten Schleife funktioniert nicht, ohne eine Variable zu de-

5.7 Lernsequenz 7: Verwendung von Variablen in Algorithmen

BONUS

a. Beim Ausführen der Programmierung (siehe unten) verändert sich der Wert der Variable „Punktestand".
Sortiere die Ereignisse beim Ausführen des Skripts ihrer Reihenfolge (1-10)!

   ___ Variable „Punktestand" wird der Wert „0" zugewiesen.
   ___ Beginn der Dauerschleife.
   ___ Der Wert der Variable „Punktestand" wird um den Wert „1" erhöht.
   ___ Drücken des Tasters an Input 1.
   ___ Start des Skripts durch Anklicken.
   ___ Programm wartet bis der Wert von Sensor „input2" < 1 ist.
   ___ Drücken des Tasters an Input 2.
   ___ Der Wert der Variable „Punktestand" wird um den Zahlenwert 1 erhöht.
   ___ Wert von Sensor „Input 1" < 1.
   ___ Variable „Add-On" wird der Wert „ExplorerHAT" zugewiesen.

b. Die Variable „Punktestand" hat beim Start des Programms einen Wert von 200. Welchen Wert besitzt die Variable nach der Ausführung des obigen Ablaufs?
Punktestand = _____

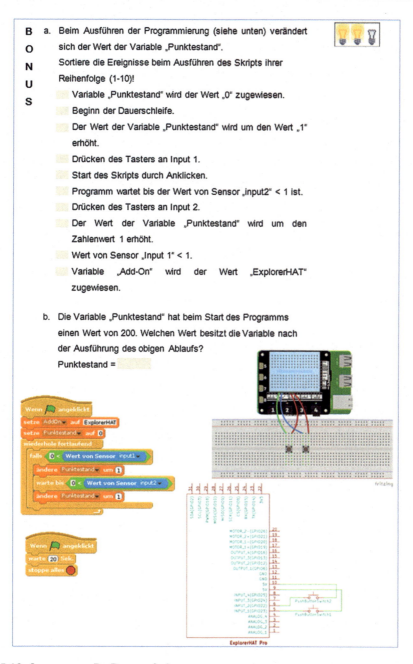

Abb. 5.18 Lernsequenz 7 – Bonusaufgaben

finieren. Bringt man jedoch den Begriff Variable in einem Programmierkurs, der die Schülerinnen und Schüler motivieren und Freude bereiten soll, bereits in Lernsequenz 3, bestünde eventuell die Gefahr, diese recht schnell zu verlieren, da Schülerinnen und Schüler den Begriff Variable doch eher mit komplizierter Mathematik verbinden. Die Erfahrungen zeigen, dass die Augen der Schülerinnen und Schüler groß werden, wenn man ihnen eröffnet, dass sie, ohne es zu wissen, bereits ganz selbstverständlich mit Variablen arbeiten. Dies kann als Einstieg in diese Lernsequenz genutzt werden. Die Schülerinnen und Schüler sollen in Einzel- oder Gruppenarbeit versuchen, alle Variablen zu finden, die sie bereits in Programmierungen genutzt haben. Zum tieferen Verständnis bietet es sich an, die Variablen zu verändern. So erkennen die Schülerinnen und Schüler, dass die Variable nichts anderes als ein Platzhalter ist.

In Aufgabe 2 der Lernsequenz sollen die Schülerinnen und Schüler einen Taschenrechner programmieren. Hierbei sollen sie sich mit den verschiedenen Datentypen auseinandersetzen. Python besitzt verschiedene Datentypen. Für unser Vorhaben sind vier Datentypen interessant, die im Folgenden kurz genannt werden.

1. Integer (int) – Ganzzahl
2. Float – Fließzahl, Dezimalzahl
3. String (str) – Zeichenkette
4. Boolesche Algebra (bool) – Kann entweder den Wert *wahr* oder *falsch* annehmen

Diese Aufgabe sollte an dieser Stelle keine Probleme machen. Allerdings sollen die Schülerinnen und Schüler animiert werden, über die Aufgabe hinaus auszuprobieren. Was passiert beispielsweise, wenn man nicht *int(input)*, sondern nur *input* programmiert. Hierzu benötigen die Schülerinnen und Schüler den Befehl *print(type())*. Mit Hilfe dieses Befehls gibt Python den Datentyp der Variable oder Zahl aus. Dadurch wird der Zusammenhang zwischen Zahl, Variable und Datentyp für die Schülerinnen und Schüler verständlicher. Die Einheit ist so gestaltet, dass die leistungsschwachen Schülerinnen und Schüler nicht abgehängt werden, die leistungsstärkeren aber dennoch vertieft mit Python arbeiten können. Je nach Lerngruppe kann man diese Lernsequenz ausführlicher oder kürzer gestalten.

5.8 Lernsequenz 8: Die Darstellung von Algorithmen

5.8.1 Inhalt der Lernsequenz 8

In einer letzten Einheit sollen die Schülerinnen und Schüler sich mit der Darstellung von Algorithmen beschäftigen. Hierbei kann zu Beginn ein kurzes Video gezeigt werden, welches im Skript via QR-Code abrufbar ist. Flussdiagramme bieten den Schülerinnen und Schülern eine Möglichkeit, komplexe Programmierungen besser zu verstehen. Wir arbeiten

5.8 Lernsequenz 8: Die Darstellung von Algorithmen

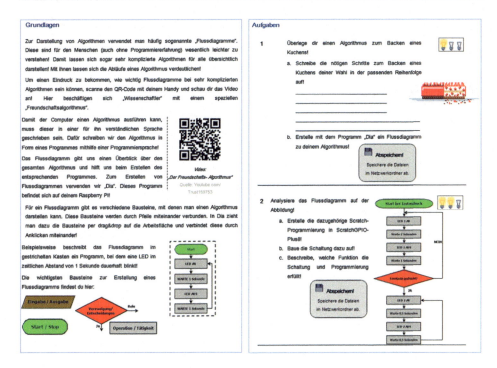

Abb. 5.19 Lernsequenz 8 – Grundlagen und Aufgaben

mit dem Programm „Dia", welches kostenlos verfügbar ist. Im Grundlagenskript (Abb. 5.19) werden hierzu die ersten Bausteine kurz erklärt.

Im Aufgabenskript (Abb. 5.19) erstellen die Schülerinnen und Schüler nun selbstständig zu einem Algorithmus aus ihrer Lebenswelt ein Flussdiagramm. An dieser Stelle kann kurz thematisiert werden, wieso Kuchenbacken ein Algorithmus darstellt. In einem zweiten Schritt sollen die Schülerinnen und Schüler ein Flussdiagramm in eine geeignete Programmierung übersetzen.

5.8.2 Didaktischer Kommentar zur Lernsequenz 8

Diese Einheit vertieft nochmals das Verständnis für Algorithmen. Die übersichtliche Schreibweise dient dazu, den Schülerinnen und Schülern deutlich zu machen, aus welchen Grundbausteinen ein Algorithmus besteht. Es hat sich gezeigt, dass die Schülerinnen und Schüler kaum Probleme mit diesen Aufgaben haben. Des Weiteren erleichtert das Programm Dia diese Arbeitsphase enorm und ist somit eine gute Alternative zum Zeichnen von Struktogrammen. Dennoch benötigen die Schülerinnen und Schüler häufig mehr Zeit, als man am Anfang einplanen würde. So können das Einarbeiten in das neue Programm und das Erledigen der ersten Aufgaben durchaus 30 bis 45 Minuten in Anspruch nehmen.

Literatur

Bönsch, M., Kaiser, A.: Unterrichtsmethoden – kreativ und vielfältig, S. 80–83. Schneider-Verlag Hohengehren, Baltmannsweiler (2002)

Engelmann, L.: Duden, Basiswissen Schule Teil: Computer, 2. Aufl., S. 29–30. Dudenverlag, Mannheim/Leipzig/Wien/Zürich (2004)

Esslinger-Hinz, I., Sliwka, A.: Schulpädagogik, S. 118–129. Beltz, Weinheim (2011)

Humbert, L.: Didaktik der Informatik, 2. Aufl., S. 84–86. B.G. Teubner, Wiesbaden (2006)

6 Beschreibung des Projektskripts zur Unterstützung der Projektphase

Zusammenfassung

In diesem Kapitel wird das Projektskript beschrieben, das wir den Schülerinnen und Schülern zur Unterstützung der Projektphase zur Verfügung stellen. Dieses Skript dient als Ideensammlung und Nachschlagewerk. Hier findet man beispielsweise die Beschreibungen und Beschaltungen der gängigsten Bauteile, mit dem Ziel, in der Projektphase auf zeitaufwendige Internetrecherchen verzichten zu können.

Zur Unterstützung der Projektphase geben wir den Schülerinnen und Schülern ein Projektskript an die Hand, welches im Wesentlichen die Handhabung beziehungsweise die Beschaltung und Ansteuerung der gängigsten Aktoren und Sensoren beschreibt. Dieses Skript dient als Nachschlagewerk, um zügig die jeweiligen Spezifikationen der im jeweiligen Projekt verwendeten Bauteile zur Verfügung zu haben. Dies entlastet die Lehrkraft, da sie nicht bei jeder Projektgruppe nochmal gezielt die im Projekt verwendeten Bauteile und deren Beschaltung erklären muss. Außerdem werden zeitaufwendige Internetrecherchen überflüssig. Die Projektarbeit kann somit unabhängig vom World Wide Web durchgeführt werden.

Das Projektskript ist teilweise recht ausführlich gestaltet und mit entsprechend passenden Aufgaben angereichert. Dadurch ist es bei Bedarf oder zum Beispiel aus Zeitgründen recht einfach möglich, Themenbereiche, die im Projektskript behandelt werden, auch in den Lernsequenzenteil zu integrieren

Auch die Projektskripte stehen Ihnen in der Scratch- und Python-Version als Download über den Dozenten-Service des Springer-Verlags zur Verfügung.

Das Projektskript beginnt mit einer kleinen Einführung in das Thema Projektarbeit (Abb. 6.1). Dabei wird kurz erklärt, wie das Projekt allgemein und die Projektpräsentation

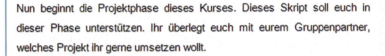

Einführung in das Projektskript

Nun beginnt die Projektphase dieses Kurses. Dieses Skript soll euch in dieser Phase unterstützen. Ihr überlegt euch mit eurem Gruppenpartner, welches Projekt ihr gerne umsetzen wollt.

Falls ihr Aktoren oder Sensoren verwenden wollt, die wir in der vorherigen Lernsequenz nicht behandelt haben, könnt ihr in diesem Skript nachschauen. Wollt ihr beispielsweise eine 7-Segment-Anzeige in eurem Projekt verwenden, dann arbeitet die Lernsequenz zur 7-Segment-Anzeige in diesem Skript durch.

Am Ende der Projektphase wollen wir alle Projekte im Plenum vorstellen. Bitte bereitet euch bereits in der Projektphase auf die Präsentation vor. Dazu führt ihr euer Projekt vor, erstellt ein Flussdiagramm (mittels DIA) und erklärt den Weg von der Idee bis hin zum fertigen (oder auch unfertigen) Projekt mit euren Herausforderungen, Schwierigkeiten und Erfolgen.

Abb. 6.1 Projektskript – Einführung

im Speziellen ablaufen sollen und wie das Projektskript gewinnbringend genutzt werden kann.

Wir haben außerdem einen QR-Code mit einem Link auf ein YouTube-Video angegeben, in dem Beispielprojekte aus früheren Gruppen zu sehen sind. Ob man dieses Video tatsächlich zur Verfügung stellt, ist Abwägungssache der Lehrkraft. Einerseits kann es Ideengeber sein, andererseits aber auch die eigene Kreativität der Schülerinnen und Schüler einschränken und sie durch das Video in vorgegebene Bahnen drängen.

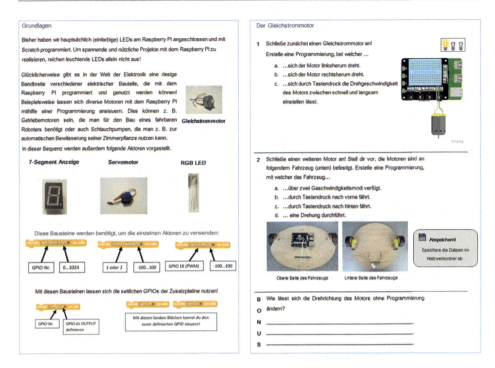

Abb. 6.2 Projektskript – Grundlagen und Gleichstrommotor

Im weiteren Verlauf gliedert sich das Projektskript dann in drei Teilbereiche. Im ersten Teil werden verschiedene Aktoren genauer beschrieben. Wie gewohnt, beginnen wir wieder mit einem Grundlagenteil, in dem ein Überblick der im Folgenden näher beschriebenen Bauteile gegeben wird und die hierfür notwendigen Programmierbausteine vorgestellt werden (Abb. 6.2). Darauf aufbauend wird dann die Beschaltung des Gleichstrommotors thematisiert und es werden Impulse für mögliche Projektvariationen gegeben, wie zum Beispiel Geschwindigkeits- und Richtungsänderungen oder der Einsatz mehrerer Motoren für beispielsweise die Realisierung eines Fahrzeugs (Abb. 6.2).

▷ An dieser Stelle sei ausdrücklich nochmal darauf hingewiesen, dass Gleichstrommotoren nur über die beiden Motorenanschlüsse des Explorer HAT Pro betrieben werden dürfen oder mit Hilfe eines externen Motortreibers. Ein direktes Anschließen der Motoren an den GPIOs des Raspberry Pi oder des Explorer HAT Pro zerstört diese, da die Motoren unzulässig hohen Strom ziehen würden.

Im weiteren Verlauf des Projektskripts wird dann die Beschaltung und Programmierung eines Servomotors beschrieben (Abb. 6.3). Im Unterschied zu einem Gleichstrommotor können Servos direkt an die GPIO-Pins angeschlossen werden. Allerdings bedarf es, je nach Servo-Typ, einer externen Stromversorgung für den Servomotor.

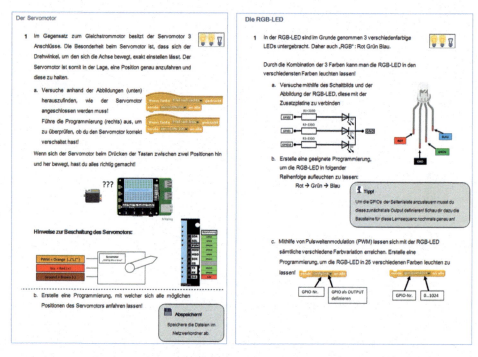

Abb. 6.3 Projektskript – Servomotor und RGB-LED

▶ Wird für einen Servomotor eine externe Spannungsquelle benötigt, muss der Minuspol dieser Spannungsquelle mit dem GND des Raspberry Pi beziehungsweise Explorer HAT Pro verbunden werden.

Als weiteres Bauteil werden anschließend die RGB-LED beschrieben und verschiedene Beschaltungs- beziehungsweise Programmiermöglichkeiten erläutert (Abb. 6.3). Insbesondere wird darauf hingewiesen, dass die RGB-LED über Pulsweitenmodulation das gesamte Farbspektrum darstellen kann. Hierzu müssen die drei Eingänge der LED an drei verschiedene GPIOs angeschlossen und über PWM gesteuert werden.

Abschließend für diesen ersten Aktoren-Teil des Projektskripts wird die recht aufwendig zu beschaltende 7-Segment-Anzeige thematisiert (Abb. 6.4). Benötigt werden hier gleich 8 verschiedene GPIOs zur Ansteuerung der 7-Segment-Anzeige. Damit ist der Explorer HAT Pro, bezogen auf die zur Verfügung stehenden GPIOs, dann vollständig ausgelastet. Es gibt allerdings die Möglichkeit, mit Hilfe eines Schieberegisters, welches man über die GPIOs seriell ansteuert, und das dann über parallele Ausgänge die 7-Segment-Anzeige bedient, die notwendigen GPIOs deutlich zu reduzieren. Das wäre dann allerdings schon ein größeres Projekt.

6 Beschreibung des Projektskripts zur Unterstützung der Projektphase

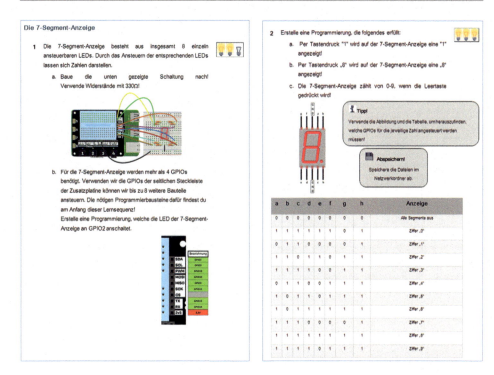

Abb. 6.4 Projektskript – 7-Segment-Anzeige

▶ Je nach zur Verfügung stehender Unterrichtszeit könnte man den Inhalt des ersten Teils des Projektskripts auch als ergänzende Lernsequenzen in die in Kap. 5 beschriebene Unterrichtseinheit „Grundlagen von Algorithmen" packen.

Im zweiten Teil des Projektskripts werden verschiedene Sensoren vorgestellt und erläutert. Auch hier werden zunächst wieder einige Grundlagen zum Themenbereich Sensoren beschrieben. Dabei wird die prinzipielle Funktionsweise von Sensoren erklärt und es werden gängige Sensortypen aufgelistet (Abb. 6.5).

Als erster Sensor wird dann der analoge Ultraschallsensor näher beleuchtet und seine Beschaltung und Programmierung thematisiert (Abb. 6.5). Die darauffolgenden Aufgaben regen dazu an, sich näher mit dem Bauteil auseinanderzusetzen. Auch sind einige QR-Codes abgedruckt, die jeweils einen Link zu einem Video enthalten, das technische Anwendungen thematisiert oder auch die Nutzung des Ultraschalls bei Fledermäusen beleuchtet.

Nach dem analogen Ultraschallsensor folgt die Beschreibung des digitalen Ultraschallsensors (Abb. 6.6), ebenfalls mit entsprechend passenden Aufgaben (Abb. 6.7) ergänzt.

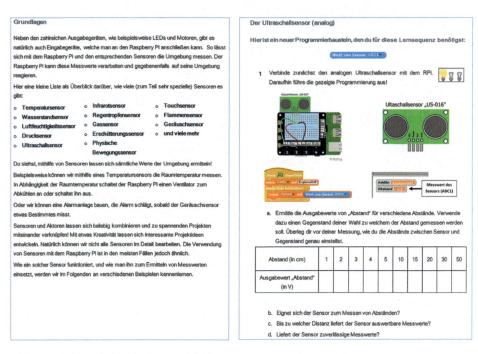

Abb. 6.5 Projektskript – Grundlagen Sensoren und analoger Ultraschallsensor

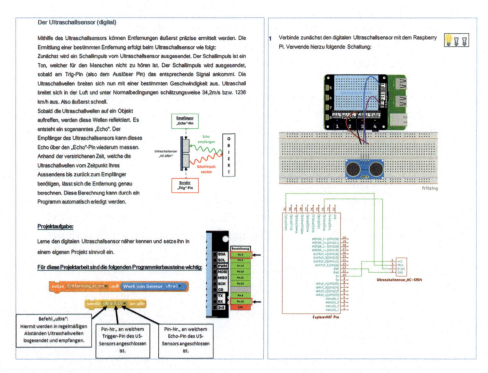

Abb. 6.6 Projektskript – Digitaler Ultraschallsensor – Grundlagen und Schaltung

6 Beschreibung des Projektskripts zur Unterstützung der Projektphase   133

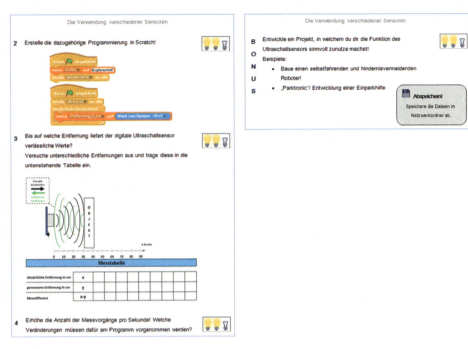

Abb. 6.7 Projektskript – Digitaler Ultraschallsensor – Software und Aufgaben

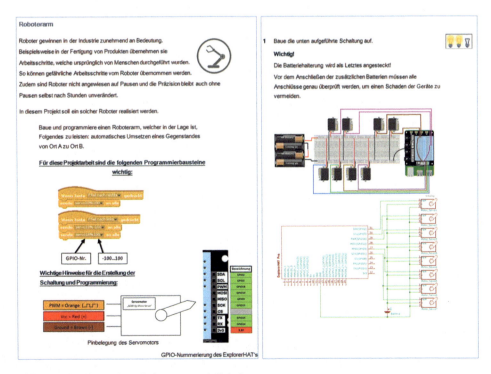

Abb. 6.8 Projektskript – Roboterarm mit Schaltung

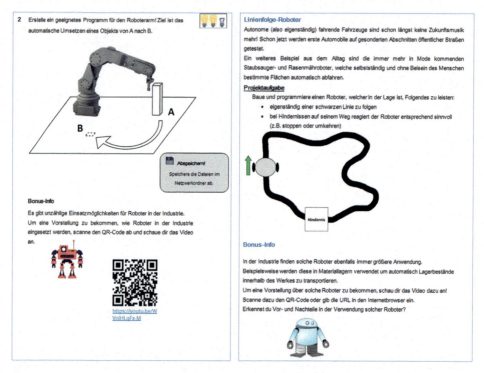

Abb. 6.9 Projektskript – Aufgaben zum Roboterarm und Linienfolgeroboter

Im dritten Teil des Projektskripts werden zwei Projektideen näher beschrieben. Zum einen geht es um die Beschaltung der Servo-Motoren eines Roboterarms (Abb. 6.8) und mögliche Ideen der Projektgestaltung. Zum anderen wird die Idee der Realisierung eines Fahrzeugs thematisiert, das als Linienfolge-Roboter autonom einer vorgegebenen schwarzen Linie folgen soll (Abb. 6.9).

Projektideen 7

Zusammenfassung

Hier werden verschiedene Projektideen mit entsprechenden Schaltungen sowie Beispiellösungen für „Scratch" und „Python" vorgestellt und beschrieben. Beim „ferngesteuerten Fahrzeug" geht es darum, ein Modellauto durch den Raum über eine WLAN-Verbindung zu navigieren. Als optionale Erweiterung kann das Fahrzeug mit einer Kamera ergänzt werden. Mithilfe der Ansteuerung von Servomotoren lässt sich als Projekt die Steuerung eines „Roboterarms" umsetzen. Bei der Realisierung einer „Automatischen Bewässerungsanlage" wird eine komplexere Projektidee vorgestellt, bei welcher bereits regelungstechnische Aspekte eine wichtige Rolle spielen.

In der Projektphase lassen sich zahlreiche unterschiedliche Projekte umsetzen. Wir wollen nun exemplarisch drei verschiedene Projekte, die von Schülerinnen und Schülern aufgegriffen und durchgeführt wurden, vorstellen und erläutern. Den Schülerinnen und Schülern stand dabei jeweils das in Kap. 6 beschriebene Projektskript zur Verfügung. Die Lehrkraft unterstützte die Schülerinnen und Schüler bei Fragen während der Projektarbeit.

Die Projekte sollten so gestaltet sein, dass die Schülerinnen und Schüler die gewonnenen Erkenntnisse aus den Lernsequenzen im Projekt miteinander verbinden. Außerdem sollten die Projekte so gestaltet werden, dass Erweiterungsmöglichkeiten vorhanden sind. Damit wird eine Selbstdifferenzierung erreicht, d. h. starke beziehungsweise schnelle Schülerinnen und Schüler erweitern ihr Projekt ganz automatisch.

Von der Projektplanung bis zur Präsentation standen den Schülerinnen und Schülern jeweils ca. fünf Zeitstunden zur Verfügung.

7.1 Projektidee 1: Das ferngesteuerte Fahrzeug

Das ferngesteuerte Fahrzeug (siehe Abb. 7.1) ist ein sehr beliebtes Projekt bei den Schülerinnen und Schülern. Bewährt hat sich ein Fahrgestell mit zwei Antriebsrädern (vorne seitlich), die über entsprechende Gleichstrommotoren angetrieben werden und einem frei drehbaren Rad (hinten mittig). Da der Explorer HAT Pro zwei Motoranschlüsse zur Verfügung stellt, passt dies perfekt.

Es empfiehlt sich, die Stromversorgung des RPis, der auf dem Fahrzeug befestigt werden sollte, mit Hilfe einer Powerbank sicherzustellen, die man dann ebenfalls am Fahrzeug anbringen kann. Hat man über WLAN ein Netzwerk aufgebaut kann das Fahrzeug über eine VNC-Verbindung (siehe Abschn. 3.2.5.2) bequem drahtlos ferngesteuert werden.

Die Funktionen des ferngesteuerten Autos lassen sich durch den Einsatz verschiedener Sensoren und Aktoren beliebig erweitern. So können beispielsweise Abstandsensoren verwendet werden, um das Auto davor zu schützen gegen einen Gegenstand zu fahren. Hier finden sich dann bereits erste Ansätze für autonomes beziehungsweise teilautonomes Fahren.

Darüber hinaus lässt sich das Fahrzeug mit einer Kamera erweitern (siehe Abschn. 3.2.6.2), sodass die Schülerinnen und Schüler mit diesem fahren können, selbst wenn es außer Sichtweite ist (siehe Abb. 7.2). Das Kamerabild wird dabei ebenfalls über die VNC-Verbindung übertragen und wird somit am Steuerungsrechner angezeigt. Einfache Bauteile, wie LEDs oder Lautsprecher, sind ebenfalls mögliche Erweiterungen. Der Kreativität der Kinder und Jugendlichen sind hier kaum Grenzen gesetzt.

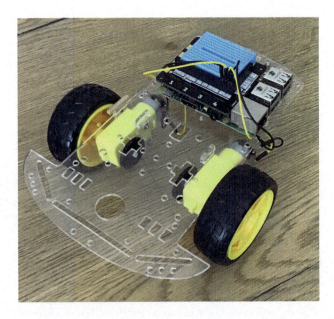

Abb. 7.1 Ferngesteuertes Auto

7.1 Projektidee 1: Das ferngesteuerte Fahrzeug

Abb. 7.2 Ferngesteuertes Auto mit Kamera und Powerbank

- Verwendet man eine Kamera unter Scratch, empfiehlt es sich aus Laufzeitgründen, Scratch zweimal zu öffnen. Die zum eigentlichen Programm parallel laufende Scratch-Version wird dann nur für die Anzeige des Kamerabilds verwendet. Hierfür eignet sich zum Beispiel auch die Programmversion Scratch 2, die standardmäßig installiert ist.

Die grundlegende Schaltung (siehe Abb. 7.3), welche zur Steuerung des Fahrzeuges benötigt wird, ist relativ einfach.

Ziel vieler Projektteams ist es zunächst mal, das Auto bei Tastendruck nach vorne, hinten oder zur Seite fahren zu lassen. Hierbei ergeben sich bereits verschiedene Umsetzungsmöglichkeiten, die natürlich auch von der verwendeten Programmiersprache abhängig sind.

7.1.1 Beispiellösungen mit Scratch

Scratch bietet mit einem geeigneten Baustein die Möglichkeit, das Auto in eine Richtung fahren zu lassen, solange eine bestimmte Taste gedrückt wird. Mit Hilfe dieses Bausteins ist es für die Schülerinnen und Schüler recht einfach, dieses Projekt mit Hilfe von Scratch umzusetzen.

Durch die Verwendung mehrerer Bedingungsbausteine kann innerhalb der Programmierumgebung Scratch relativ einfach eine Steuerung für das Fahrzeug erstellt werden.

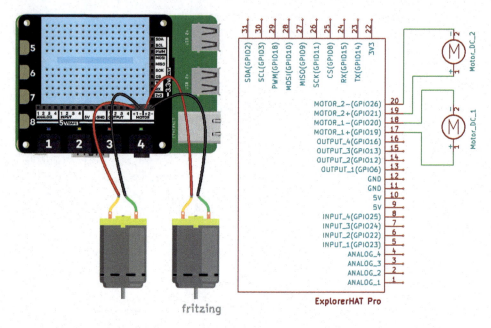

Abb. 7.3 Schaltung für das ferngesteuerte Fahrzeug

Beispielsweise kann das Fahrzeug durch das Drücken der Cursortasten (oder anderer beliebiger Tasten) jeweils vorwärts, rückwärts sowie nach links und rechts gesteuert werden (siehe Abb. 7.4). Eine weitere Taste sorgt für den Stopp beider Motoren.

Anstatt das Drücken spezieller Tasten der Tastatur als Bedingung für das Steuern des Fahrzeuges zu verwenden, können natürlich auch weitere Bedingungen (wie beispielsweise Sensorwerte) zur Steuerung des Fahrzeuges genutzt werden.

Selbstverständlich kann das jeweilige Programm zur Steuerung des Fahrzeugs durch weitere Funktionen erweitert werden. Die Komplexität bezüglich der Steuerung des Fahrzeuges kann bei dieser Aufgabe unterschiedlich hoch ausfallen.

Möchte man beispielsweise das Fahrzeug automatisch stoppen lassen, sobald keine Taste gedrückt wird, gestaltet sich das Programm bereits umfangreicher (siehe Abb. 7.5).

Das Projekt eines (ferngesteuerten) Fahrzeuges lässt sich somit auf verschiedenen Schwierigkeitsgraden bearbeiten und bietet reichlich Potenzial zur Differenzierung innerhalb der Lerngruppe.

7.1.2 Beispiellösung mit Python

Die für dieses Projekt benötigten „Bedingungs-Strukturen" lassen sich in Python mit den „if"- und „elif"-Anweisungen realisieren. Dabei können die Projektteams unterschiedliche Anforderungen an ihr Projekt stellen. Ein in der Lerngruppe leistungsschwaches Projektteam kann das selbstfahrende Auto so umsetzen, dass bei Tastendruck das Auto für

7.1 Projektidee 1: Das ferngesteuerte Fahrzeug

Abb. 7.4 Tastaturabfrage mit Scratch

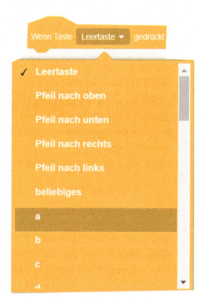

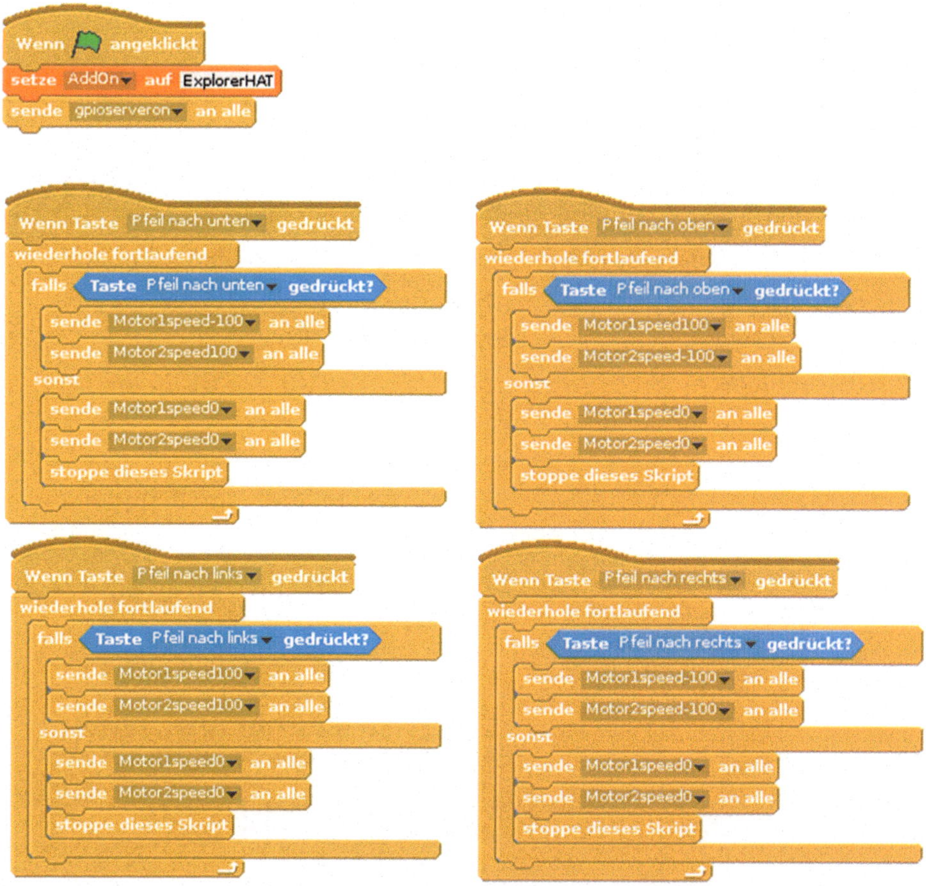

Abb. 7.5 Ferngesteuertes Fahrzeug – Beispielprogramm 2 mit Scratch

einige Sekunden nach vorne, hinten oder zur Seite fährt. Ein stärkeres Projektteam kann den Anspruch an das Projekt stellen, dass das Auto so lange nach vorne fahren soll, bis eine andere Taste gedrückt wird. So lassen sich die Projekte unterschiedlich komplex gestalten. Eine Möglichkeit der Umsetzung kann man Abb. 7.6 entnehmen. Diese Verschachtelung ist für Schülerinnen und Schüler sehr komplex und kann sie bereits an die Grenzen ihres Projekts führen.

Der aufgezeigte Lösungsvorschlag enthält folgende Funktionen (1) und lässt sich durch folgende Funktionen (2) erweitern.

(1) Entscheidung der Fahrtrichtung
    a. Wenn Taste w gedrückt wird, dann fahre geradeaus.
    b. Wenn Taste a gedrückt wird, dann fahre Rechtskurve (je nachdem wie die Motoren angeschlossen sind!).
    c. Wenn Taste d gedrückt wird, dann fahre Linkskurve (je nachdem wie die Motoren angeschlossen sind!).
    d. Wenn Taste q gedrückt wird, dann halte an.
(2) Entscheidung der Fahrtrichtung mit Hilfe eines Abstandssensors.
    a. Fahre so lange geradeaus, bis ein Hindernis kommt.
    b. Halte an.
    c. Drehe dich zur Seite.
    d. Fahre weiter.

Es wird deutlich, wie vielfältig und komplex die Projekte umgesetzt werden können. Es gibt nicht den einen Lösungsweg. Gerade auch bei der Programmierung gibt

Abb. 7.6 Lösungsvorschlag Python – ferngesteuertes Fahrzeug

```python
import explorerhat
import time

while True:
    eingabe = input ("Wohin willst du fahren?")
    print (eingabe)
    if eingabe == "w":
        explorerhat.motor[0].forward(100)
        explorerhat.motor[1].forward(100)
    elif eingabe == "a":
        explorerhat.motor[0].forward(100)
        explorerhat.motor[1].forward(0)
    elif eingabe == "d":
        explorerhat.motor[0].forward(0)
        explorerhat.motor[1].forward(100)
    elif eingabe == "s":
        explorerhat.motor[0].backward(100)
        explorerhat.motor[1].backward(100)
    elif eingabe == "q":
        explorerhat.motor[0].stop()
        explorerhat.motor[1].stop()
```

es unterschiedliche Varianten. Beispielsweise kann die Funktion „Kurven fahren" auf unterschiedliche Weisen realisiert werden.

7.2 Projektidee 2: Roboterarm

Der Roboterarm ist, wie die zuvor beschriebene Projektidee des ferngesteuerten Fahrzeugs, ebenfalls sehr beliebt bei den Schülerinnen und Schülern. Gerade das Automatisieren von bestimmten Arbeitsschritten mit Hilfe von Robotern findet in der Industrie zunehmend an Bedeutung. Beispielsweise in der Fertigung übernehmen sie Arbeitsschritte, welche ursprünglich von Menschen durchgeführt wurden. Zudem sind Roboter nicht angewiesen auf Pausen und die Präzession bleibt auch ohne Pausen selbst nach Stunden unverändert. Es gibt verschiedene Roboterarme online zu kaufen, beispielsweise der mechanische Arm von Arduino (siehe Abb. 7.7). Dieser besteht aus verschiedenen Servomotoren, über die der Roboterarm gesteuert werden kann.

Der Roboterarm bietet die Möglichkeit, dass die Schülerinnen und Schüler sich mit einer recht komplizierten Schaltung auseinandersetzen. Je nachdem, wie viele Servomotoren der Roboterarm hat, kann die Schaltung von diesem sehr aufwendig und unübersichtlich werden. Kleinschrittiges und sorgfältiges Arbeiten ist hier unerlässlich. Gerade für leistungsschwache Schülerinnen und Schüler kann dieses Projekt geeignet sein. Die Schaltung (Abb. 7.8 und 7.9) ist zwar recht aufwendig und unübersichtlich, die Beschaltung und auch die Programmierung funktioniert für jeden Servomotor aber gleich.

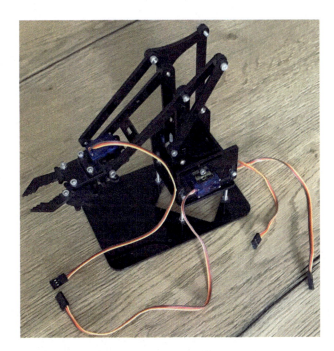

Abb. 7.7 Roboterarm

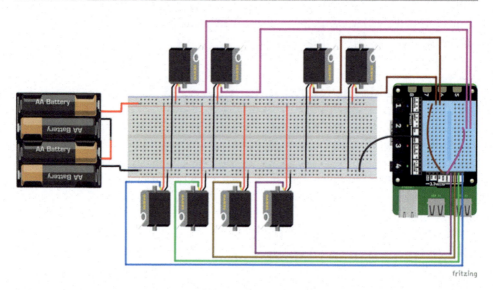

Abb. 7.8 Roboterarm_Schaltung1

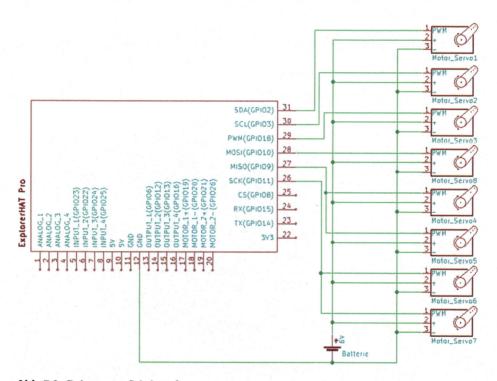

Abb. 7.9 Roboterarm_Schaltung2

7.2.1 Beispiellösung mit Scratch

Für die Programmierung des Roboterarms mit Scratch sind hauptsächlich zwei Bausteine von großer Bedeutung:

1. Der Bedingungsbefehl, welcher den Roboterarm beim Drücken einer bestimmten Taste den entsprechenden Servomotor ansteuert.
2. Der Aktionsbefehl „servo+[Nr. GPIO]+%+[-100...100], welcher den Servomotor in die gewünschte Position bringt."

In Kombination dieser beiden Bausteine mit den restlichen zur Verfügung stehenden algorithmischen Grundbausteinen ergeben sich eine Fülle von Möglichkeiten, den Roboterarm zu programmieren und damit natürlich zahlreiche verschiedene Lösungsansätze in verschiedener Komplexität. Beispielsweise lässt sich eine direkte Steuerung des Roboterarms über das Drücken einzelner Tasten programmieren (siehe Abb. 7.10). Aber auch die Erstellung ganzer Programmsequenzen, in welchen bestimmte Bewegungsabläufe vom Roboter durchgeführt werden (beispielsweise zum Greifen und Ablegen eines Objektes), sind denkbar.

Anstatt bestimmter Tastendrücke als Bedingung zum Starten beziehungsweise Steuern des Roboterarms können alternativ auch Sensorwerte verwendet werden. So kann beispielsweise der Roboterarm auf Helligkeit. Lautstärke oder Wärme über die jeweiligen Messwerte der entsprechenden Sensoren reagieren.

7.2.2 Beispiellösung mit Python

Die Programmierung des Roboterarms mit Hilfe von Python ist recht komplex und soll am Beispiel von nur zwei, anstelle von acht, Servomotoren gezeigt werden (siehe Abb. 7.11). Die Programmierung der restlichen Servomotoren funktioniert auf die gleiche Weise.

Im ersten Schritt werden die benötigten Bibliotheken importiert. Wichtig: Importieren Sie nicht die Bibliothek „explorerhat". Diese benötigen wir nicht und erhöht lediglich die Fehleranfälligkeit des Programms.

In einem zweiten Schritt werden alle benötigten Pins definiert. Wir nutzen für die Servomotoren die Pulsweitenmodulation. Mit Hilfe der Pulsweitenmodulation können zwei Parameter definiert werden, zum einen der Pin und zum anderen die Frequenz in Hertz. Die meisten Servomotoren benötigen eine Frequenz von 50 Hertz. Diese sollte nicht höher eingestellt werden. Mit Hilfe des Befehls „servo.start" wird die Ausgabe des Signals gestartet.

Mit dem Befehl „servo.ChangeDutyCycle" kann die Ausrichtung des Servoarms neu gesetzt werden. Hierbei gilt es Folgendes zu beachten:

Abb. 7.10 Roboterarm – Beispielprogrammierung in Scratch

- 2,5 = 0 Grad
- 7,5 = 90 Grad
- 12,5 = 180 Grad

Wichtig ist es, die Servomotoren nicht zu weit drehen zu lassen. Aus diesem Grund sollten die Schülerinnen und Schüler darauf hingewiesen werden, ihre Servomotoren immer wieder zurück zum Ausgangspunkt zu bringen, bevor sie das Programm beenden. In diesem Beispiel (Abb. 7.11) werden mit Hilfe einer Tastaturabfrage die Servomotoren zurück zu ihrem Ausgangspunkt gebracht. Dies ist die einfachere Variante und wurde aus diesem Grund für die Musterlösung gewählt. Starke Schülerinnen und Schüler werden es gegebenenfalls anders lösen, beispielsweise am Ende der Programmierung.

Wird das Programm ohne den Befehl „GPIO.cleanup()" beendet, kann beim nächsten Starten des Programms eine Fehlermeldung erscheinen. Diese stellt allerdings kein großes Problem dar, da das Programm dennoch ausgeführt werden kann. Dennoch sollten die Schülerinnen und Schüler auf dieses Problem hingewiesen werden.

```python
import RPI.GPIO as GPIO
import time

GPIO.setmode(GPIO.BCM)
GPIO.setup(2, GPIO.OUT)
servo1 = GPIO.PWM(2, 50)
servo1.start(0)
GPIO.setup(3, GPIO.OUT)
servo2 = GPIO.PWM(3, 50)
servo2.start(0)

while True:
    a = input ("Was soll der Roboterarm machen? ")
    if a == 'a':
        servo1.ChangeDutyCycle(7.5)
    elif a == 'q':
        servo1.ChangeDutyCycle(2.5)
    elif a == 's':
        servo2.ChangeDutyCycle(7.5)
    elif a == 'w':
        servo2.ChangeDutyCycle(2.5)
    elif:
        GPIO.cleanup()
        break
```

Abb. 7.11 Lösungsvorschlag Roboterarm Python

7.3 Projektidee 3: Automatische Bewässerungsanlage

Dieses Projektthema verbindet viele der Inhalte der Lernsequenzen aus der Lehrgangsphase. Zudem erfüllt das Projekt einen sinnvollen und nützlichen Zweck. Beispielsweise kann die Bewässerungsanlage im Anschluss an die Projektarbeit zur Bewässerung der Klassenzimmerpflanze Verwendung finden. Den Schülerinnen und Schülern stehen verschiedene Umsetzungsmöglichkeiten offen. Ein Beispiel zeigt Abb. 7.12. Die automatische Bewässerungsanlage lässt sich beliebig komplex gestalten. Sie kann durch diverse verschiedene Bauteile realisiert und erweitert werden.

Die Projektgruppe entwickelte im Laufe der Durchführungsphase überwiegend eigenständig die Schaltung (Abb. 7.13) und die dazugehörige Programmierung (Abb. 7.14 und 7.15) für die automatische Bewässerungsanlage. Während der Durchführungsphase fungierte die Lehrkraft als Berater. Falls die Gruppe an einer Stelle des Projekts nicht weiterkommen sollte, kann die Lehrkraft gegebenenfalls unterstützende Hinweise liefern. So können beispielsweise Tipps zur Programmierung oder zur Schaltung gegeben werden. Neben Hinweisen kann die Lehrkraft den Schülerinnen und Schülern auch zusätzliche Anreize für das jeweilige Projekt geben. Beispielsweise können die Lernenden auf bestimmte Erweiterungsmöglichkeiten für das Projekt aufmerksam gemacht werden, zum

Abb. 7.12 Projekt „automatische Bewässerungsanlage"

Beispiel die Verwendung weiterer Aktoren und Sensoren oder dem Bau einer geeigneten Halterung für die Peristaltikpumpe.

Das erste Ziel in diesem Projekt, ist die Realisierung einer geeigneten Schaltung/Programmierung, um die automatische Bewässerung einer Pflanze zur gewährleisten. Grundsätzlich gibt es verschiedene Varianten, eine automatische Bewässerungsanlage mit dem RPi/Explorer HAT Pro und Scratch beziehungsweise Python zu entwickeln. Ebenfalls lässt sich das Projekt in seiner Funktion durch zusätzliche Bauteile und entsprechender Programmierung immer weiter optimieren.

Der aufgezeigte Lösungsvorschlag für die „automatische Bewässerungsanlage" erfüllt beispielsweise die folgenden Funktionen:

1. Auswertung der Sensorwerte:
   a. Wasserstandssensor
   b. Bodenfeuchtigkeitssensor
   c. Regentropfensensor
2. In Abhängigkeit der Sensorwerte werden Aktoren angesteuert:
   a. Wenn der Wasserstand eine bestimmte Grenze unterschreitet, blinkt eine LED als Warnung. Sinkt der Wasserstand weiter, schalten sich alle laufenden Skripte ab.

7.3 Projektidee 3: Automatische Bewässerungsanlage

b. In Abhängigkeit des Wertes vom Bodenfeuchtigkeitssensor wird die Peristaltikpumpe zur Bewässerung der Pflanze an- oder ausgeschaltet.
c. In Abhängigkeit des Regentropfensensors lässt sich die Peristaltikpumpe aktivieren oder nicht aktivieren.

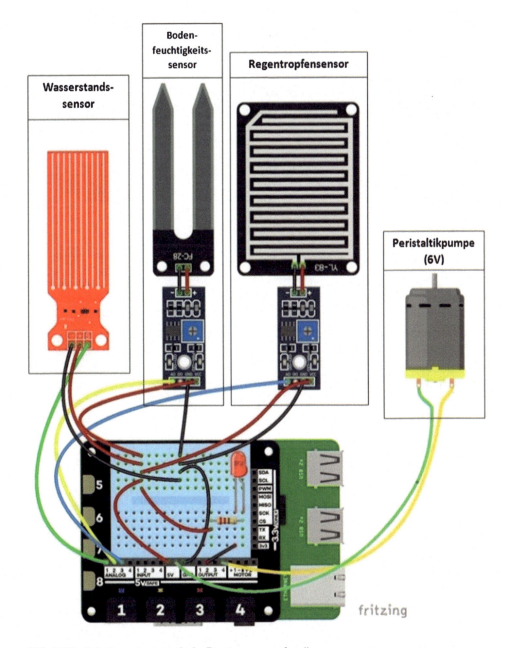

Abb. 7.13 Schaltung: „automatische Bewässerungsanlage"

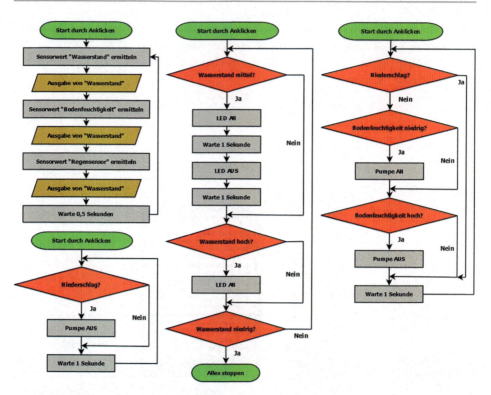

Abb. 7.14 Flussdiagramm: „automatische Bewässerungsanlage"

Erwähnenswert bleibt, dass es bei der Umsetzung eines Projekts keinen „richtigen" Weg gibt, der Schülerinnen und Schüler vorgegeben werden kann. Viele Wege können zum Ziel führen! Welcher Weg eingeschlagen wird, entscheiden die Schülerinnen und Schüler in der Durchführungsphase selbst. So ist es nicht zwingend notwendig, alle Bauteile der beispielhaften Projektumsetzung im eigenen Projekt unterzubringen. Auch beim Flussdiagramm und bei der Programmierung gibt es kein „Richtig" oder „Falsch", sondern mehrere Lösungsvarianten.

Im Folgenden sollen diese Ausführungen hinsichtlich der Umsetzung mit Python ausgeführt werden.

Das Projekt lässt sich recht einfach mit Python umsetzen. Die Grenzwerte können je nach Bauteil verschieden sein. Hier müssen die Schüler mit Hilfe des „print-Befehls" zuerst ein Testprogramm ausführen. Sollte ein Programm nicht funktionieren, ist es ratsam, zuerst die analogen Werte ausgeben zu lassen. Oft liegt der Fehler darin, dass die Werte nicht zur Programmierung passen. Eine Möglichkeit der Umsetzung bietet eine mehrfache Verzweigung (if/elif-Befehl). Die Schülerinnen und Schüler sollten erst mit einem Sensor beginnen und dann gegebenenfalls die Schaltung um einen weiteren Sensor erweitern. In diesem Beispiel leuchtet die integrierte LED am Explorer HAT Pro. Alternativ können die

7.3 Projektidee 3: Automatische Bewässerungsanlage

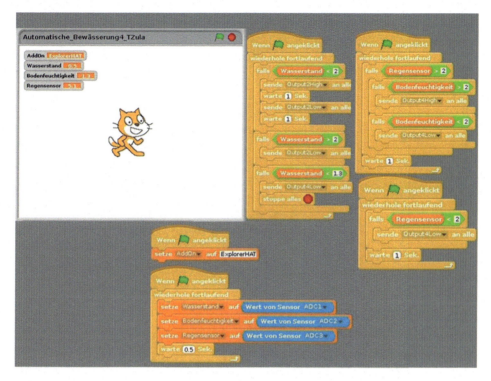

Abb. 7.15 Beispiel einer Scratch-Programmierung für das Projekt „Automatische Pflanzenbewässerungsanlage"

Schülerinnen und Schüler auch eine externe LED anschließen oder einen Lautsprecher, der bei geringen Wasserstand Alarm schlägt. So lässt sich das Projekt beliebig erweitern. Auch hier ist der Kreativität der Schülerinnen und Schüler keine Grenze gesetzt.

Der Lösungsvorschlag (Abb. 7.16) enthält folgende Funktionen:

(1) Importiere das Modul ExplorerHat.
(2) Variable x ist der Analogwert 1 (Wasserstandssensor); lese diesen aus.
(3) Variable y ist der Analogwert 2 (Regentropfensensor); lese diesen aus.
(4) Wenn x kleiner als 1, dann schalte die integrierte LED an und wenn y größer als 5,037 ist, dann schalte die Wasserpumpe aus.
(5) Sonst, wenn x größer als 1 und y größer als 5,037, dann schalte die Wasserpumpe an und schalte die integrierte LED aus.
(6) Sonst, wenn y kleiner als 5,037, schalte die Wasserpumpe aus.

Der oben beschriebene Lösungsvorschlag (Abb. 7.16) lässt sich durch einen Bodenfeuchtigkeitssensor wie folgt erweitern (Abb. 7.17).

```
import explorerhat
while True:
    x = explorerhat.analog[0].read()
    y = explorerhat.analog[1].read()
    if x < 1:
        explorerhat.light[0].on()
        if y > 5.037:
            explorerhat.output[3].off()
    elif x > 1:
        if y > 5.037:
            explorerhat.output[3].on()
            explorerhat.light[0].off()
        elif y < 5.037:
            explorerhat.out[3].off()
```

Abb. 7.16 Lösungsvorschlag 1

```
import explorerhat
while True:
    x = explorerhat.analog[0].read()
    y = explorerhat.analog[1].read()
    z = explorerhat.analog[2].read()
    if x < 1:
        explorerhat.light[0].on()
        if y < 5.037:
            explorerhat.output[3].off()
        elif z > 2:
            explorerhat.output[3].off()
    elif x > 1:
        explorerhat.light[0].off()
        if y > 5.037:
            if z < 2:
                explorerhat.output[3].on()
            elif z > 2:
                explorerhat.output[3].off()
        elif y < 5.037:
            explorerhat.output[3].off()
```

Abb. 7.17 Lösungsvorschlag 2

7.3 Projektidee 3: Automatische Bewässerungsanlage

(1) Importiere das Modul ExplorerHat.
(2) Variable x ist der Analogwert 1 (Wasserstandsensor); lesen diesen aus.
(3) Variable y ist der Analogwert 2 (Regentropfensensor); lese diesen aus.
(4) Variable z ist der Analogwert 3 (Bodenfeuchtigkeitssensor); lese diesen aus.
(5) Wenn x kleiner als 1 ist, dann schalte die integrierte LED an und wenn y größer als 5,037 ist oder wenn z größer als 2 ist, dann schalte die Wasserpumpe aus.
(6) Sonst, wenn x größer als 1 ist und y größer als 5,037 und z kleiner als 2, dann schalte die Wasserpumpe an und schalte die integrierte LED aus., sonst wenn z größer als 2, dann schalte die Wasserpumpe aus.
(7) Sonst, wenn y kleiner als 5,037, schalte die Wasserpumpe aus.

Es wird deutlich, dass mit jedem weiteren Sensor die Programmierung komplexer wird. Für schwache Schülerinnen und Schüler kann es sich somit anbieten, mit einem Sensor zu beginnen und erst dann mit einem weiteren Sensor zu erweitern.

Evaluationsergebnisse 8

Zusammenfassung

In diesem Kapitel werden die Ergebnisse der Befragung, der an den Kursen teilgenommenen Schülerinnen und Schüler, vorgestellt und diskutiert. Mit Hilfe eines standardisierten Fragebogens wurden die Ausprägung der Lernmotivation, die Bedingungen für motiviertes Handeln und die emotionalen Empfindungen bei der Arbeit mit der Lernumgebung erhoben. Außerdem hatten die Schülerinnen und Schüler die Möglichkeit auf offene Fragen zu antworten, mit deren Hilfe die Zufriedenheit mit der Lernumgebung und Verbesserungsvorschläge erhoben wurden. Die Auswertung der Evaluation zeigt, dass die Schülerinnen und Schüler im Mittel hoch motiviert und selbstbestimmt mit der Lernumgebung arbeiten und dabei situationales Interesse aufbauen. Dabei wurden keine geschlechtsspezifischen Unterschiede festgestellt. Die Kategorien geleitete Inhaltsanalyse der offenen Fragen zeigt, dass die positiven Aspekte bei der Bewertung der Lernumgebung im Vergleich zu den genannten negativen Aspekten deutlich überwiegen. Unter anderem wurden die Möglichkeiten zum selbstständigen und freien Arbeiten sowie die Projektarbeit positiv hervorgehoben.

8.1 Methodik

Unmittelbar nach der Projektphase haben wir jeweils die Schülerinnen und Schüler mit Hilfe eines Fragebogens befragt. Wir verwendeten dafür einen standardisierten Fragebogen nach Prenzel et al. (1996), den wir bezüglich einzelner Formulierungen an das Sprachniveau unserer Probanden anpassten (vgl. Schnirch und Spannagel 2011) und zusätzlich durch drei offene Fragen ergänzt haben.

Der verwendete Fragebogen erhebt die Ausprägung der Lernmotivation, die Bedingungen der Motivation sowie die emotionalen Empfindungen beim Lernen in der Lernumgebung.

Tab. 8.1 Erhebung der Ausprägung der Lernmotivation

Subskala	Anzahl der Items	Itembeispiel: Bei diesem Junior-Seminar ...
Interesse	3	... befasste ich mich mit anregenden Problemen, über die ich mehr erfahren will.
Intrinsische Motivation	3	... machte das Arbeiten richtig Spaß.
Identifizierte Motivation	3	... wollte ich selbst den Stoff verstehen/beherrschen.
Introjizierte Motivation	1	... habe ich mich selbst unter Druck gesetzt, um alles möglichst richtig/gut zu machen.
Externale Motivation	3	... hätte ich ohne Druck von außen nichts getan.
Amotivation	3	... versuchte ich mich zu drücken.

Den Grad der Zustimmung beziehungsweise Ablehnung eines Items können die Befragten jeweils auf einer sechsstufigen Skala mit der Ausprägung von „nie" (0) bis „sehr häufig" (5) angeben.

Tab. 8.1 zeigt die Anzahl der Items für die Erhebung der Subskalen der Lernmotivation sowie jeweils ein Itembeispiel.

Mit dem Begriff „Amotivation" werden Zustände beschrieben, die keine Lernmotivation erkennen lassen. Prenzel et al. (1996) bezeichnen solche amotivationalen Zustände dann auch als „chaotisch", „gleichgültig" oder „hilflos". Eine external motivierte Person lernt nur aufgrund von äußerem Druck, zum Beispiel, um einer angedrohten Bestrafung zu entgehen (ebd.). Eine introjiziert motivierte Person hat den äußeren Druck quasi verinnerlicht, ohne jedoch selbstbestimmt zu handeln. Identifizierte Lernmotivation liegt vor, wenn eine Person Lernen für wichtig erachtet, um ein selbst gestecktes Ziel zu erreichen. Auch wenn der Weg zum Ziel als mühsam betrachtet wird, lernt die Person ohne äußeren Einfluss von sich aus. Intrinsisch motivierte Personen lernen selbstbestimmt, weil der Lerngegenstand in der aktuellen Situation von Interesse ist (situationales Interesse). Interessierte Lernende haben darüber hinaus auch Interesse am Lerngegenstand unabhängig von der aktuellen Situation (individuelles Interesse) (ebd.).

Es wird davon ausgegangen, dass identifiziertes, intrinsisch motiviertes oder interessiertes Lernen drei Formen selbstbestimmten Lernens sind und dadurch kognitive Prozesse, positive Gefühlserlebnisse und Identitätsentwicklung fördern und damit anzustreben sind (ebd.). Dies gelingt nach der Selbstbestimmungstheorie der Motivation vor allem dann, wenn im Rahmen einer Lernumgebung die Bedingungen motivierten Handelns möglichst gut erfüllt sind (vgl. Abschn. 2.5.2). Diese Bedingungen wurden ebenfalls mit dem Fragebogen erhoben und sind in Tab. 8.2 dargestellt.

Ergänzt wird der Fragebogen durch 16 Items zu Empfindungen während der Arbeit mit der Lernumgebung. Erhoben werden dabei positive Empfindungen (zum Beispiel „reizvoll", „anregend", „faszinierend", „spannend"), negative Empfindungen (zum Beispiel „unangenehm", „langweilig", „anstrengend", „frustrierend") und die empfundene

8.2 Ergebnisse

Tab. 8.2 Erhebung der Bedingungen motivierten Handelns

Subskala	Anzahl der Items	Itembeispiel: Bei diesem Junior-Seminar ...
Wahrgenommene inhaltliche Relevanz	3	... habe ich erfahren, dass ich das Gelernte auch in anderen Fächern/Bereichen brauchen kann.
Wahrgenommene Instruktionsqualität	6	... standen Hilfsmittel (zum Beispiel Lerntexte, Arbeitsblätter, Abbildungen, Medien etc.) zur Verfügung.
Wahrgenommenes inhaltliches Interesse beim Lehrenden	3	... haben die Kursleiter gezeigt, dass ihnen ihre Arbeit Freude macht.
Wahrgenommene soziale Einbindung	6	... war die Atmosphäre freundschaftlich entspannt.
Wahrgenommene Kompetenzunterstützung	6	... wurden mir auch schwierige Aufgaben zugetraut.
Wahrgenommene Autonomieunterstützung	7	... konnte ich anspruchsvolle Aufgaben selbstverantwortlich erledigen.
Überforderung versus Anpassung an Lernervoraussetzungen	3	... ging mir alles zu schnell.

Wichtigkeit (zum Beispiel „wichtig für Prüfungen", „wichtig für die Schule", „wichtig für mich persönlich", „wichtig für meinen späteren Beruf"). Diese Einschätzungen liefern zusätzliche Informationen für die Stufe der motivationalen Qualität des Lernens (ebd.).

Drei offene Fragen ergänzen den Fragebogen schließlich noch qualitativ. Hier wollen wir von den Schülerinnen und Schülern wissen, was ihnen „gut gefallen hat", was ihnen „nicht gut gefallen hat" und „was man noch verbessern könnte".

8.2 Ergebnisse

Die im Folgenden aufgeführten Ergebnisse wurden mit Hilfe des Programms SPSS Version 24 berechnet.

8.2.1 Ausprägung der Lernmotivation

Tab. 8.3 zeigt die Ausprägung der Lernmotivation der befragten Schülerinnen und Schüler, die mit der hier beschriebenen Lernumgebung gearbeitet haben. Es zeigen sich im Mittel hohe bis sehr hohe Werte in den Kategorien „Interesse", „Intrinsische Motivation" und „Identifizierte Motivation", die den drei Formen des selbstbestimmten Lernens zugeordnet werden können. Die Kategorien „Introjizierte Motivation", „Externale Motivation" und „Amotivation" zeigen demgegenüber im Mittel geringe beziehungsweise sehr geringe Werte.

Tab. 8.3 Ausprägung der Lernmotivation

	Interesse	Intrinsische Motivation	Identifizierte Motivation	Introjizierte Motivation	Externale Motivation	Amotivation
Mittelwert	3,5645	4,2930	3,9328	1,9516	0,4597	0,6559
Median	3,6667	4,6667	4,0000	2,0000	0,0000	0,3333
N	62	62	62	62	62	62
Standardabweichung	0,96871	0,77099	0,85542	1,61375	0,67325	0,84923

Tab. 8.4 Bedingungen für motiviertes Handeln

	Relevanz	Instruktionsqualität	Autonomie	Kompetenz	Überforderung	Soziale Eingebundenheit
Mittelwert	3,5188	4,0618	3,9147	3,9978	1,0188	4,2696
Median	3,6667	4,0000	4,0714	4,0833	0,6667	4,3333
N	62	62	62	62	62	62
Standardabweichung	0,93899	0,66502	0,71145	0,66322	0,90440	0,61546

8.2.2 Erhebung der Bedingungen für motiviertes Handeln

Tab. 8.4 zeigt die erhobenen Mittelwerte und Mediane der Variablen, die als Bedingungen für motiviertes Handeln gelten. Auch hier zeigen sich bei den untersuchten Schülerinnen und Schülern im Mittel hohe bis sehr hohe Werte beziehungsweise bei der Variablen „Überforderung" erwartungsgemäß ein sehr niedriger Wert.

8.2.3 Erhebung der positiven und negativen Empfindungen und der empfundenen Wichtigkeit

Tab. 8.5 zeigt die erhobenen Mittelwerte und Mediane der von den Schülerinnen und Schülern eingeschätzten positiven und negativen Empfindungen bei der Arbeit in der Lernumgebung sowie die empfundene Wichtigkeit des Seminars. Es zeigen sich im Mittel hohe Werte bei den positiven und entsprechend sehr geringe Werte bei den negativen Empfindungen. Auch die eingeschätzte Wichtigkeit liegt auf einem moderat hohen Wert.

8.2.4 Geschlechtsspezifische Vergleiche

Für unsere hier vorgestellte Erhebung haben wir neun Schülerinnen und 53 Schüler untersucht. Da unsere Datensätze nicht immer normalverteilt waren, haben wir die Verteilungen mit Hilfe des Mann-Whitney-U-Tests (nichtparametrischer Test für unabhängige Stichproben) auf signifikante Unterschiede zwischen den Geschlechtern untersucht. Auf einem 5 %-Signifikanzniveau gab es nur bei der Variablen „wahrgenommene Autonomieunterstützung" einen signifikanten Unterschied (0,043) zwischen Schülerinnen und Schülern. Dabei lag der Median bei den Probandinnen bei 4,2857, während er bei den männlichen Probanden bei 4,0 lag. In allen anderen Kategorien gab es keine signifikanten Unterschiede zwischen den Geschlechtern.

8.2.5 Kategorisierung der Antworten der offenen Fragen

Wir haben die Antworten der Schülerinnen und Schüler auf die offenen Fragen einer kategoriegeleiteten Inhaltsanalyse unterzogen (Mayring 2015; Moser 2014). Dabei wurden

Tab. 8.5 Empfindungen

	positive Empfindungen	negative Empfindungen	Wichtigkeit
Mittelwert	3,7925	0,7645	3,2903
Median	3,8333	0,6667	3,5000
N	62	62	62
Standardabweichung	0,78870	0,60939	1,26523

aus den Antworten verschiedene Kategorien und Unterkategorien abgeleitet. Die Häufigkeit der Nennungen in einer Kategorie kann dann Aufschluss über deren Bedeutung geben, wenn dies qualitativ begründet wird (Mayring 2015).

8.2.5.1 Inhaltsanalyse der angegebenen positiven Aspekte

Die Antworten auf die Frage „gut gefallen hat mir ..." konnten folgenden Hauptkategorien zugeordnet werden: Kursleiter betreffend, methodische Aspekte, praktische Arbeit, persönliches Empfinden, soziale Aspekte, projektbezogen, alles und Sonstiges. Tab. 8.6 zeigt diese Hauptkategorien mit entsprechenden Unterkategorien sowie die Häufigkeit ihrer Nennungen. Dabei zeigt sich, dass am häufigsten die Kursleiter positiv erwähnt wurden, dicht gefolgt von methodischen Aspekten. Hier wurde insbesondere die Möglichkeit des selbstständigen Arbeitens hervorgehoben. Auch die praktische Arbeit beim Programmieren mit dem RPi in Verbindung mit den elektronischen Schaltungen wurde mit 13 Nennungen häufig positiv erwähnt. Dicht dahinter wurde mit zehn Nennungen die Projektarbeit

Tab. 8.6 gut gefallen hat mir:

Kategorie	Unterkategorie		Anzahl Nennungen
Kursleiter/Lehrkräfte	Hilfe gegeben	6	18
	gute Erklärung	5	
	waren nett	5	
	Durchführung	1	
	hohe Erwartungen	1	
Methode	Selbstständiges Arbeiten	6	15
	selbst erfinden/experimentieren	2	
	Freiraum zum Üben/Testen und freie Projektwahl	2	
	freies Arbeiten	1	
	Aufgaben	1	
	Fragen waren möglich	1	
	viele Möglichkeiten	1	
	Theorie	1	
praktische Arbeit	Programmieren/Scratch	6	13
	Arbeiten mit dem RPi	4	
	Bauen mit elektronischen Bauelementen	3	
Projekt			10
alles			9
Persönliches Empfinden	hat Spaß gemacht	4	9
	Interesse geweckt	2	
	neue Sachen kennengelernt	1	
	Zeit ging schnell vorbei	1	
	Erfolg durch Zielerreichung	1	
soziale Aspekte	entspannte Atmosphäre	1	2
	Stimmung war gut	1	

positiv herausgestellt und neun Personen fanden einfach „alles" gut. Zudem wurden persönliche Empfindungen (zum Beispiel „hat Spaß gemacht" oder „war interessant") und soziale Aspekte (zum Beispiel gute Stimmung) genannt.

8.2.5.2 Inhaltsanalyse der angegebenen negativen Aspekte

Die Antworten auf die Frage: „nicht gut gefallen hat mir ..." konnten folgenden Hauptkategorien zugeordnet werden: Zeitaspekte, Funktionsweise, inhaltliche Aspekte und Sonstiges. Außerdem gibt es die Kategorie „nichts/alles war gut", die am zweithäufigsten genannt wurde und natürlich positiv gewertet werden muss. Tab. 8.7 zeigt, dass die Anzahl der Nennungen deutlich geringer ausfällt als die Anzahl der Nennungen der positiven Aspekte. Am häufigsten wurden Zeitaspekte angeführt. Die in dieser Rubrik aufgeführten Punkte lassen allerdings Interpretationsspielraum. Bedeutet „zu wenig Zeit", dass die Schülerinnen und Schüler für die Bearbeitung der einzelnen Aufgaben zu wenig Zeit hatten oder drückt sich in diesem Statement der Wunsch aus, sich länger, d. h. über die zwei Seminartage hinaus, mit der Thematik zu beschäftigen? Auch mit dem Begriff „Pausen", der zweimal genannt wurde, wird nicht deutlich, ob es zu viele oder zu wenig, zu lange oder zu kurze Pausen gab.

Die Angabe bei der Rubrik „Funktionsweise", dass der Roboterarm nicht funktionierte, lag an einem defekten Servomotor, den wir in der Folge dann austauschen konnten. Bei der 7-Segment-Anzeige hatten die Schülerinnen und Schüler mit den Signalen der

Tab. 8.7 nicht gut gefallen hat mir:

Kategorie	Unterkategorie		Anzahl Nennungen
Zeitaspekte	wenig Zeit für Projekt	2	9
	zu wenig Zeit	2	
	Zeit ging zu schnell um	2	
	Pausen	2	
	nur zwei Tage Zeit	1	
nichts/alles war gut			8
Funktionsweise	dass es auch mal nicht funktionierte	2	7
	dass der Roboterarm nicht funktionierte	2	
	dass das Projekt nicht funktionierte	1	
	Kabelsalat	1	
	dass die 7-Segment-Anzeige funktionierte nicht	1	
Inhaltliche Aspekte	Binärsystem	1	3
	Theorie	1	
	Scratch	1	
Soziale Aspekte	Teampartner	1	1
Sonstiges	Fragebogen am Ende	3	4
	dass man den Mikrocontroller am Ende nicht mit nach Hause bekam	1	

Tab. 8.8 Verbesserungsvorschläge

Kategorie	Unterkategorie		Anzahl Nennungen
Zeitaspekte	mehr Zeit	3	9
	Seminar länger machen	3	
	mehr Zeit für Projekt	2	
	langsamer vorangehen	1	
nichts/alles war gut			9
Funktionsaspekte	Roboterarm	1	5
	dDas System und die Technik	1	
	Fehlermeldungen am Pi korrigieren	1	
	Mikrofon	1	
	komplette und funktionstüchtige Ausrüstung	1	
inhaltliche Aspekte	besserer Plan/Übersicht	1	5
	andere Programmiersprache	1	
	Mehr Hilfe	2	
	Bilder im Skript mit höherer Auflösung	1	
Sonstiges	größerer Raum	2	4
	Seminar häufiger anbieten	1	
	Fragebogen kürzen	1	

Output-Pins des Explorer HAT Pro zu kämpfen, da diese entweder Low-Signal führen oder hochohmig sind und somit nicht direkt die 7-Segment-Anzeige steuern können.

8.2.5.3 Inhaltsanalyse der angegebenen Verbesserungsvorschläge

Die Verbesserungsvorschläge (Tab. 8.8) beziehen sich auf Zeitaspekte, auf die korrekte Funktion der verwendeten Komponenten sowie auf inhaltliche und sonstige Aspekte. Außerdem wurde mit am häufigsten angegeben, dass nichts zu verbessern sei.

8.3 Interpretation der Ergebnisse

Die Erhebung der Motivationsvariablen zeigen im Mittel hohe Ausprägungen beim selbstbestimmten Lernen, d. h. in den drei Kategorien „Interesse", „Intrinsische Motivation" und „Identifizierte Motivation". Dabei hat die „Intrinsische Motivation" im Mittel den höchsten Wert, was darauf hindeutet, dass die Lernumgebung hohes situationales Interesse erzeugt. Dass der arithmetische Mittelwert und der Median beim individuellen Interesse, das durch die Variable „Interesse" erhoben wurde, wieder leicht abfallen, ist nicht verwunderlich, denn es kann erwartet werden, dass dauerhaftes individuelles Interesse wahrscheinlicher wird, wenn situationales Interesse immer wieder und langfristig erzeugt wird (siehe Abschn. 2.5). Dies ist mit einem einmaligen zweitägigen Kurs sicherlich nicht erreichbar.

Die Ergebnisse legen somit nahe, dass die hier beschriebene Lernumgebung von den befragten Schülerinnen und Schülern als so interessant empfunden wird, um hoch motiviert darin zu arbeiten und selbstbestimmt zu lernen.

Unterstützt wird dieser Befund auch durch die Erhebung der Bedingungen für motiviertes Handeln. Auch hier liegen im Mittel die Werte für wahrgenommene inhaltliche Relevanz, Instruktionsqualität, Kompetenz- und Autonomieunterstützung sehr hoch. Die wahrgenommene soziale Einbindung hat hierbei sogar im Mittel den höchsten Wert. Dies zeigt deutlich, dass das Konzept, die Schülerinnen und Schüler in Partnerarbeit agieren zu lassen, sehr positiv aufgenommen wurde. Auch die im Mittel hohen Werte der angegebenen positiven Empfindungen unterstützen die motivationsbezogenen Befunde.

Erfreulich ist auch das Ergebnis, dass es, bis auf die wahrgenommene Autonomieunterstützung, keine geschlechtsspezifischen Unterschiede gab. Wir können also davon ausgehen, dass wir zumindest in Bezug auf motivationale Faktoren eine gendersensitive Lernumgebung gestaltet haben. Dass die wahrgenommene Autonomieunterstützung bei den Mädchen signifikant höher war, sollte nicht überbewertet werden. Da es sich hier um einen multiplen Test handelt, bei dem mehrere Variablen abgefragt werden, ist die Wahrscheinlichkeit groß, dass diese signifikante Abweichung rein zufällig entstanden ist.

Bei der Auswertung der offenen Fragen wird deutlich, dass das Konzept des selbstständigen und freien Arbeitens, die Einbindung einer Projektarbeit und die Möglichkeit der praktischen Arbeit sehr häufig als positiver Faktor genannt wurde. Dies könnte zusammen mit der instruktionalen Unterstützung der Lehrkräfte ein wichtiger und wesentlicher Faktor für die hohen Motivationswerte sein. Auch zeigt sich, dass die genannten positiven Aspekte im Vergleich zu den genannten negativen Aspekten deutlich überwiegen.

Literatur

Mayring, P.: Qualitative Inhaltsanalyse. Grundlagen und Techniken, 12. Aufl. Beltz, Weinheim/Basel (2015)

Moser, H. Instrumentenkoffer für die Praxisforschung, 6. Aufl. Lambertus, Freiburg i. Br. (2014)

Prenzel, M., Kristen, A., Dengler, P., Ettle, R., Beer, T.: Selbstbestimmt motiviertes und interessiertes Lernen in der kaufmännischen Erstausbildung. In: Beck, K., Heid, H. (Hrsg.) Lehr-Lern-Prozesse in der kaufmännischen Erstausbildung: Wissenserwerb, Motivierungsgeschehen und Handlungskompetenzen Zeitschrift für Berufs-und Wirtschaftspädagogik, Beiheft 13, S. 108–127. Steiner, Stuttgart (1996)

Schnirch, A., Spannagel, C.: Geometrie-Wiki: Prozessorientierte Unterstützung von Geometrievorlesungen. In: Reiss, K. (Hrsg.) Beiträge zum Mathematikunterricht 2011, S. 735–738. WTM, Münster (2011)

Anhang 9

9.1 Erstellen einer Image-Datei mit dem Programm „Win32DiskImager"

Zunächst steckt man die bereits eingerichtete microSD-Karte in den PC. Anschließend öffnet man das Programm „Win32DiskImager". In den nachfolgenden Abbildungen werden die nötigen Schritte zur Erstellung einer Image-Datei detailliert aufgeführt und erklärt.

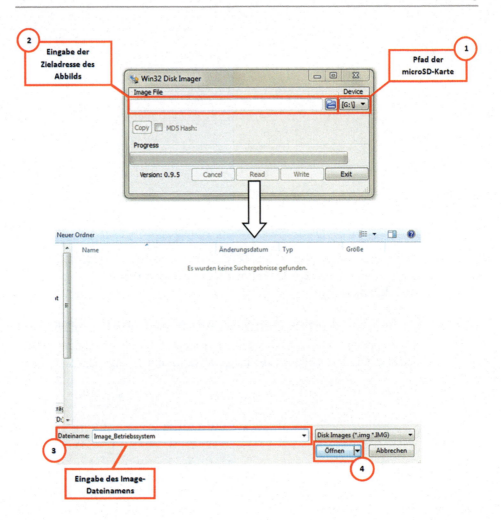

9.1 Erstellen einer Image-Datei mit dem Programm „Win32DiskImager"

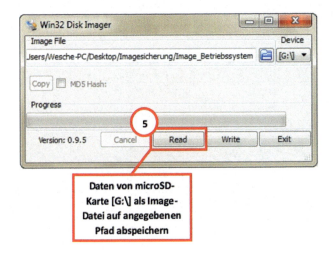

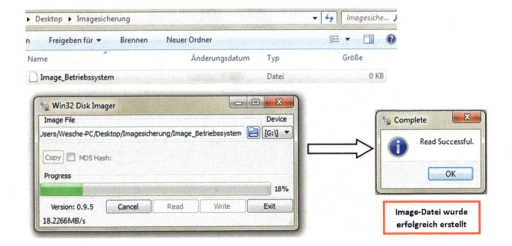

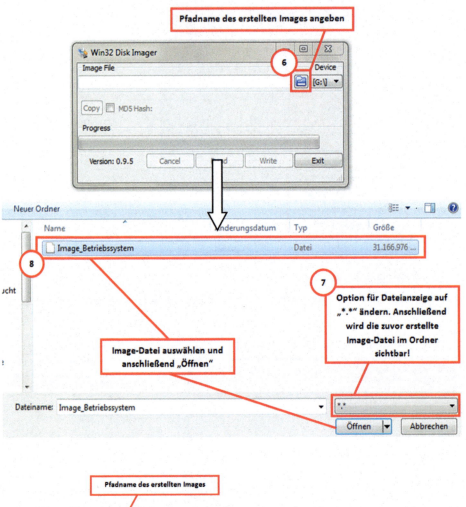

9.1 Erstellen einer Image-Datei mit dem Programm „Win32DiskImager"

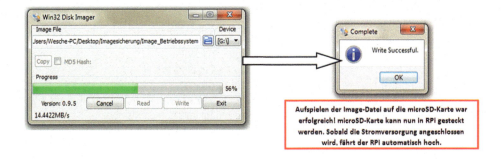

Aufspielen der Image-Datei auf die microSD-Karte war erfolgreich! microSD-Karte kann nun in RPi gesteckt werden. Sobald die Stromversorgung angeschlossen wird, fährt der RPi automatisch hoch.

9.2 Materialliste

Bezeichnung	Bezugsquelle	Stückpreis
-Raspberry Pi 3 Model B -Raspberry Pi 3 Gehäuse Case-klar transparent -16GB Micro SD Card + SD-Adapter -HDMI-Kabel -Netzteil	Komponenten sind einzeln oder alles zusammen als Starterset bei allen gängigen Versandhändlern erhältlich.	ca. 70 €
optional: Micro USB 2.0 Verlängerungskabel mit Schalter	z. B.: https://www.amazon.de/Micro-USB-Ver-l%C3%A4ngerungskabel-Schalter-Zwischenschal-ter/dp/B01H66816U	ca. 5 €
Tastatur		
Maus		
HDMI-Bildschirm		
falls nur VGA-Bildschirm vorhanden: HDMI-VGA-Adapter	z. B.: https://www.amazon.de/TechRise-Vergoldet-Adap-ter-Konverter-Ladekabel/dp/B01LYJG8IQ/ref=sr_1_3?ie=UTF8&qid=1495496188&s-r=8-3&keywords=hdmi-vga+adapter	ca. 8 €
Sortimentskasten	z. B.: Prosperplast Sortimentskasten NORP14DUO https://www.amazon.de/Sortimentsk%C3%A4s-ten-Kleinteilmagzine-NOR-DUO-NORP14DUO/dp/B00I3A0FOA	ca. 20 €
Zusatzplatine Explorer HAT Pro	https://shop.pimoroni.com/products/explorer-hat	ca. 20 €
Zubehör-Kit/Bauteile: mit Breadboard, Jumper Kabel, LEDs, diverse Widerstände, Transistoren, Kondensatoren ...	Es empfiehlt sich ein Sortiment zu kaufen, das in der Regel weitere nützliche Bauteile enthält. z. B.: https://www.amazon.de/Elegoo-Electronic-Bread-board-Kondensator-Potentiometer/dp/B01J79YG8G/ref=pd_sbs_107_8?_encoding=UT-F8&psc=1&refRID=EVJX7R1R2AC88S5DQH55	ca. 13 €

oder hier zusätzlich: RGB-LED, Ultraschallsensor (digital), Getriebemotor, 7-Segment-Anzeige, etc.	oder z. B.: https://www.amazon.de/SunFounder-Raspberry-Including-Breadboard-Deutscher/dp/B019T0PXIU/ref=sr_1_3?__mk_de_DE=%C3%85M%C3%85%C5%BD%C3%95%C3%91&crid=19VYYOHOYSFDC&keywords=sunfounder+raspberry+pi&qid=1568711410&s=computers&sprefix=sunfounder%2Ccomputers%2C137&sr=1-3	ca. 35 €
Speziell für das Projekt: „Das ferngesteuerte Fahrzeug"		
Fahrzeug-Bausatz	z. B.: https://www.amazon.de/diymore-Roboter-Chassis-Geschwindigkeit-Raspberry/dp/B0798BTGG1	ca. 15 €
Speziell für das Projekt: „Roboterarm"		
Roboterarm	z. B.: https://www.amazon.de/DOLITY-Roboterarm-Roboter-Mechanischer-Arduino/dp/B07GNP79ZB/ref=pd_sbs_21_1/262-4902431-4186932?_encoding=UTF8&pd_rd_i=B07GNP79ZB&pd_rd_r=5c844a0f-9d87-11e9-a4e0	ca. 33 €
SG90 Servo-Motor	z. B.: https://www.amazon.de/Longruner-MG996R-Torque-Digital-Helicopter/dp/B072J59PKZ/ref=sr_1_1_sspa?_encoding=UTF8&camp=1634&creative=19450&keywords=servo%2Bmg996r&linkCode=ur2&qid=1562154766&s=gateway&sr=8-1-spons&th=1	ca. 2 €
optional: Servotreiber	https://www.amazon.de/AZDelivery-PCA9685-Servotreiber-Arduino-Raspberry/dp/B072N8G7Y9/ref=sr_1_37?_encoding=UTF8&camp=1634&creative=19450&keywords=servo+mg996r&linkCode=ur2&qid=1562154615&s=gateway&sr=8-37	ca. 6 €
Speziell für das Projekt „Automatische Bewässerungsanlage"		
Peristaltikpumpe (6V)	http://www.ebay.de/itm/6V-DC-Schlauchpumpe-Wasserpumpe-Dosierpumpe-Peristaltikpumpe-Aquarien-HOT-ST-04-/262819624739?hash=item3d31453723:g:h20AAOSwnHZYhbXC	ca. 5 €

9.2 Materialliste

Bodenfeuchtigkeitssensor	http://www.ebay.de/itm/Modul-Feuchtigkeit-Messgerat-Pflanzenerde-Garten-Boden-Bodenfeuchtigkeitssensor-/201034141300?hash=item2ece918e74:g:82gAAOSw6EhUR6VR	ca. 1,50 €
Regensensor Modul YL-38	http://www.ebay.de/itm/Regensensor-Modul-YL-38-Nassesensor-Regentropfen-Sensor-fur-Arduino-Raspberry-PI-/152500278383?hash=item2381b9946f:g:o0MAAOSw0UdXtCyC	ca. 2,50 €
Wasserstandssensor KY-059	http://www.ebay.de/itm/Wasserstandssensor-fur-Arduino-KY-059-Regensensor-Wassersensor-/182291079201?hash=item2a71652021:g:zsUAAOSwLF1X5Znb	ca. 3,50 €
1 m Silikonschlauch 4 x 6 mm	http://www.ebay.de/itm/291944549179?_trksid=p2060353.m2749.l2649&var=590933976378&ssPageName=STRK%3AMEBIDX%3AIT	ca. 3 €
optional: WLAN-Router		

Stichwortverzeichnis

A
Administrationsrechte 50
Aktor 24, 34, 85, 127
Algorithmus 18, 83, 102, 115
    Darstellung 124
    Grundlagen 23
Anfangsunterricht 22
anwendungsorientierter Ansatz 85
Astro Pi 36
Aufbau
    des Klassenraums 32
    eines Netzwerks 45
Aufgabenstellung
    fächerübergreifende 21, 85
Authentizität 23
automatische Bewässerungsanlage 145
Autonomie 12

B
Betriebssystem 46
Bewässerungsanlage
    automatische 145
Bibliothek time 74
Bildungsstandards für Informatik 18
Bodenfeuchtigkeitssensor 146

D
Datentyp 121, 124
DHCP-Client-Konfigurationsdatei 55
DHCP-Server 55

E
Editor 73
Einplatinencomputer 35

Entwicklungsumgebung 62
Evaluation 16, 153
    Ausprägung der Lernmotivation 154, 155
    Bedingungen motivierten Handelns 154, 157
    Ergebnisse 153, 155
    Fragebogen 153, 154
    geschlechtsspezifische Vergleiche 157
    Inhaltsanalyse negative Aspekte 159
    Inhaltsanalyse positive Aspekte 158
    Inhaltsanalyse Verbesserungsvorschläge 160
    Interpretation der Ergebnisse 160
    Intrinsic Motivation Inventory 16
    intrinsisch motivierte Person 154
    Methodik 153
    negative Empfindungen 157
    offene Fragen 155
    positive Empfindungen 157
    Selbstbestimmungstheorie der Motivation 154
    Subskalen der Lernmotivation 154
Experimentieren 34, 35
Explorer HAT Pro 5, 24, 43, 96, 99, 121, 129, 136
    Analog-Digital-Wandler (ADC) 42
    Motortreiber 43
    Pin-Belegung 44
    Programmierung mit Scratch 69
    Pythenbefehle 75, 76

F
fächerübergreifende Aufgabenstellung 21, 85
fächerübergreifender Zugang 24
fachübergreifender Unterricht 10

fachübergreifendes Lernen 19, 21
Fahren
    teilautonomes 136
Fahrzeug
    ferngesteuertes 136
Flussdiagramm 125
    erstellen, Programm DIA 76

G
Gestaltungsprinzipien für Lernumgebungen 10
Gleichstrommotor 129
    Beschaltung 129
GPIO-Pin 35, 99
GPIO-Schnittstelle 25
Grundlagenskript 96
    Ansteuern von LEDs 101
    Bedingung 114
    Darstellung von Algorithmen 124
    didaktischer Kommentar 99, 102, 111, 115, 119, 122, 125
    Endlosschleife 106
    Flussdiagramm 125
    GPIOs 96, 102, 105
    kleines Projekt 119
    Lernsequenz 96, 100, 106, 110, 114, 118, 121, 124
    Musik erzeugen 110
    Programmierumgebung 96
    Schleife 106
    Sequenz 100
    Verwendung von Variablen 121
    Verzweigung 118
Grundlagen von Algorithmen 23

H
handlungsorientierter Ansatz 85

I
Image erstellen 54
Informatik 4
    Anfangsunterricht 22
    Bildungsstandards 18
    Mathematik und Physik (IMP) 8
Informatikdidaktik 16
Informatiklabor 23
Informatiksystem 22
Informatikunterricht 4, 7, 9

fundamentale Ideen 17
    Inhalt 17
    Problemorientierung 16
    Prozesse 17
    zentrale Inhaltsbereiche 18
Interdisziplinarität 10
Interesse 12
    Entwicklung 12
    individuelles 12
    situationales 12
Internationale Raumstation (ISS) 36
Intrinsic Motivation Inventory 16
IP-Adresse 55
    statische 54

K
Kamera 136
Klassenraum
    Aufbau 32
Kommentar
    didaktischer 99, 111, 115, 119, 122
Kommunikationsnetzwerk 56
Kompetenz 12
konsequenter Konstruktivismus 11
Konstruktivismus 9, 11
konstruktivistische Lernumgebung 9

L
LAN-Anwendung 35
Lautsprecher 112
Lernen
    fachübergreifendes 19
    problemorientiertes 10
Lernmotivation 15
    Subskalen 154
Lernsequenz 86, 87, 95
Lernumgebung
    Gestaltungsprinzipien 10
    konstruktivistische 9
    problemorientierte 23
Linienfolge-Roboter 134
Linux-Distribution Raspbian 46

M
MicroBerry-Lernumgebung 23, 24, 31, 34, 95
    Arbeitsblätter 95
    Beschreibung der Arbeitsblätter 87

Beschreibung der Projektphase 88
Durchführung der Unterrichtseinheit 83
Gestaltungskriterien 81
Grundelemente von Algorithmen 83
Grundlagenskript 96
Kursablaufplan 84
Lernsequenzen im Überblick 85
Unterrichtseinheit 81
Vorbereitung der Unterrichtseinheit 82
MIDI-Tabelle 111
Mikrocontroller 24
Motivation 12
    extrinsische 15
    Intrinsic Motivation Inventory 16
    intrinsische 14
    Kompetenzerleben 13
    Lernmotivation 15
    Selbstbestimmungstheorie 13, 154
    soziale Eingebundenheit 14
MPDV 4
MPDV Junior-Akademie 3
Multimediaanwendung 35

N
Network Attached Storage (NAS) 57
Netzwerk
    Aufbau 45
Netzwerkordner 96
Netzwerkspeicher 56
Noobs 46

P
Peristaltikpumpe 146
PiBrella 113
40-Pin-Stiftleiste 42
Powerbank 136
problemorientierte Lernumgebung 23
problemorientiertes Lernen 10
Problemorientierung 16
Programmieren 35
Programmiersprache 61
programmiersprachlicher Zugang 22, 24, 85
Programmierumgebung 35, 61
Projektarbeit 127
Projektidee 135
    automatische Bewässerungsanlage 145
    Bodenfeuchtigkeitssensor 146
    ferngesteuertes Fahrzeug 136

Powerbank 136
Pulsweitenmodulation 143
Regentropfensensor 146
Roboterarm 141
Servomotor 141
VNC-Verbindung 136
Wasserstandssensor 146
Projektmethode 21
projektorientierter Zugang 24
Projektphase 87, 88
    Auswertung 92
    Durchführung 92
    Mindestanforderung 89
    Planung des Projektablaufs 91
    Projektskript 92
    Projektthema 89
    Themenfindung 89, 90
Projektplanung 135
Projektskript 127
    analoger Ultraschallsensor 131
    Ansteuerung 7-Segment-Anzeige 130
    Beschaltung eines Gleichstrommotors 129
    digitaler Ultraschallsensor 131
    GPIOs 129
    Linienfolge-Roboter 134
    Pulsweitenmodulation (PWM) 130
    RGB-LED 130
    Roboterarm 134
    Sensortypen 131
    Servomotor 129, 134
Projektthema 21
Projektunterricht 21
Pulldown-Widerstand 40
Pullup-Widerstand 40
Pulsweitenmodulation (PWM) 68, 75, 112, 130, 143
PWM-GPIO 113
Python 35, 72, 106, 109, 114, 117, 121, 122, 138, 143
    analoger Ultraschallsensor 76
    Bibliothek time 74
    Editor 73
    Explorer HAT Pro einbinden 75
    GPIO als Eingang 74
    GPIO als Output 74
    Pulsweitenmodulation 75
    Python-IDLE 72
    Shell 73
    Verwendung der GPIOs 74

Q
QR-Code 2, 128, 131

R
Raspberry Pi 5, 8, 24, 34, 35, 96, 99
    Anschlüsse 36
    Aufbau 36
    Beschaltung eines GPIO-Ausgangs 40
    Beschaltung eines GPIO-Eingangs 41
    GPIO-Pins 35, 38
    maximal zulässiger Gesamtstrom 40
    Pi-Kamera-Modul 69
    40 Pin Stiftleiste 42
    Pulldown-Widerstand 41
    Pullup-Widerstand 41
Raspberry Pi Foundation 35
Raspberry Pi-Konfiguration 47
    Deinstallation von Programmen 51
    Einrichten der IP-Adresse 54
    erweiterte Systemkonfiguration 50
    Grundkonfiguration 49
    Installation von Programmen 51
    Konfigurationsdateien 51
    Schnittstellen 48
    Skript-Datei 52
    Terminalprogramm 49
    Texteditor Nano 52
    Update 50
    Upgrade 51
Raspbian 46
Regentropfensensor 146
Remotedesktopverbindung 59
RGB-LED 130
Roboterarm 134, 141

S
Samba einrichten 57
Scratch 35, 61, 108, 113, 116, 120, 122, 137, 143
    Anfangsunterricht 72
    Ansteuern eines Servomotors 69
    Einbinden einer Kamera 69
    Explorer HAT Pro, Inputs 71
    Explorer HAT Pro, LEDs 71
    Explorer HAT Pro, Motoren 71
    Explorer HAT Pro, Outputs 71
    Explorer HAT Pro, Touchpads 71
    Funktionsblöcke 63
    Start GPIO Server 62
    Steuerung der GPIO-Pins 66
    Verwendung des Explorer HAT Pro 69
Scratch 1,4 62
ScratchGPIO8Plus 62
Scratch-IDE 62
SD Formatter 4.0 46
SD-Karte 46
Selbstbestimmungstheorie der Motivation 13
Selbstdifferenzierung 135
Selbstwirksamkeitstheorie 13
Sensor 24, 34, 85, 127
Sensortypen 131
Servomotor 129, 134, 141
Shell 73
Software 46
Sortimentskasten 25, 34
soziale Eingebundenheit 12
sozialer Kontext 24
Start GPIO Server 62
statische IP-Adresse 54
Struktogramm 125
Subnetzmaske 55
Sudo-Befehl 50

T
Technik 4
Technikdidaktik 21
Technikunterricht 20
Technische Informatik 23
teilautonomes Fahren 136
Texteditor Nano 52
Töne erzeugen 110
Transistor 111, 112
Transistorverstärker 112

U
Ultraschallsensor 65
    analoger 76, 131
    digitaler 131
Unterricht
    fachübergreifender 10

V
Variable 121
vernetztes Lernsystem 25
Verstärker 111, 112
Virtuell Network Computing (VNC) 56, 59

Visualizer 32
VNC-Server 59
VNC-Verbindung 136
VNC-Viewer 59

W

Wasserstandssensor 146
Win32DiskImager 47
WLAN-Router 45, 54

Printed by Printforce, the Netherlands